ICT 建设与运维岗位能力培养丛书

人工智能通识

黄君美　崔英敏　廖明华　主　编

陈　霄　陈梦瑶　黄　玲　副主编

正月十六工作室　组　编

电子工业出版社

Publishing House of Electronics Industry

北京·BEIJING

内 容 简 介

人工智能已成为推动社会进步和产业升级的重要力量。它不仅是掌握未来核心竞争力的关键，也是推动社会进步、解决复杂问题的有力工具。掌握与 AI 协同的工作方式与流程成为职场竞争的关键优势。

本书主要面向初学者，旨在让他们全面了解人工智能领域的基本概念和技术，并教授他们如何在日常学习和生活中运用百度、讯飞、金山等头部 AI 厂商的 AIGC（生成式人工智能）技术来解决实际问题。本书包括提示词工程（Prompt）的应用，文生文、文生图、文生视频等 12 个实践任务。

本书提供了配套教学 PPT、微课、课程工具包等基本资源，同时也包含了人工智能竞赛题库、任务拓展等特色资源，需要的读者请登录华信教育资源网免费下载。这些教学资源，可以满足项目化教学、技能培训、技能竞赛等不同类型教学的需求。

本书有机融入职业规范、职业素质拓展、科技创新、党的二十大精神等思政育人要素，可作为"人工智能通识"课程的教材，也可作为社会从业人员的学习与实践指导用书。

图书在版编目（CIP）数据

人工智能通识 / 黄君羡，崔英敏，廖明华主编.

北京：电子工业出版社，2024. 8. --ISBN 978-7-121 -48733-0

Ⅰ. TP18

中国国家版本馆 CIP 数据核字第 20243DD293 号

责任编辑：李　静
印　　刷：三河市君旺印务有限公司
装　　订：三河市君旺印务有限公司
出版发行：电子工业出版社
　　　　　北京市海淀区万寿路 173 信箱　　邮编：100036
开　　本：787×1092　1/16　印张：13.25　字数：255 千字
版　　次：2024 年 8 月第 1 版
印　　次：2025 年 1 月第 3 次印刷
定　　价：45.00 元

前　言

党的二十大报告指出，推动战略性新兴产业融合集群发展，构建新一代信息技术、人工智能、生物技术、新能源、新材料、高端装备、绿色环保等一批新的增长引擎。

为贯彻落实党的二十大精神，以培养高素质技能人才助推产业和技术发展，建设现代化产业体系，编者依据新一代信息技术领域的岗位需求和院校专业人才目标编写了本书。

在这个前所未有的时代，人类社会正经历着一场由人工智能引领的技术革命。随着算法、计算能力和大数据的迅猛发展，AI 已不再局限于科幻小说的想象，而是实实在在地渗透到我们生活的每一个角落，重塑着各行各业的面貌。从自动驾驶汽车到智能家居，从智能客服到精准医疗，人工智能的应用边界不断扩展，其影响深远且广泛。

面对这一浪潮，未来的职场版图正在被重新绘制。传统的职业角色面临着前所未有的挑战与机遇，新兴岗位如雨后春笋般涌现，而许多现有的工作方式和流程也在 AI 的推动下发生深刻变革。那些能够运用 AI 协同工作、理解并驾驭 AI 技术的专业人士将成为市场上的稀缺人才。因此，掌握人工智能的基础知识和应用技能成为在未来职业生涯中取得成功的关键要素。

本书基于文心一言、讯飞星火、金山 WPS AI、通义千问等国内主流 AI 平台，结合各家之所长，精心设计了 12 个任务，帮助读者逐步掌握人工智能的基础理论和工具应用，培养人工智能应用的职业思维逻辑，让读者学会如何利用 AI 解决实际问题，创造性地工作。

本书的特色如下。

1. 校企联合开发，定制新手成长路径

本书由高校教师、企业工程师、AI 厂商工程师联合编写，这些专家在人工智

能领域拥有丰富的教学经验和实战经验，致力于打造一本理论与实践紧密结合的高质量教材。围绕职场从业者对人工智能相关理论和工具应用的需求，本书导入了企业的典型项目案例和典型业务实施流程；高校教师团队按应用型人才培养要求和教学标准，将 AI 厂商和服务商的资源进行教学化改造，形成符合学习者认知特点的工作过程系统化教材。

2. 任务驱动，实战演练快速掌握 AIGC

本书围绕人工智能在各个领域的应用实例，按典型业务实施流程展开，任务背景、任务分析、相关知识为任务做铺垫；任务实施过程由提示词工程编撰、AI 内容生成、内容优化等构成，符合 AI 背景下任务实施的一般规律；通过练习与实践，考查学习者的掌握情况。

本书学习流程如图 1 所示。

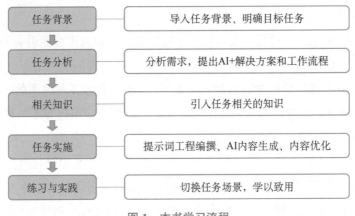

图 1　本书学习流程

本书适用于企事业单位对人工智能领域专业基础和相关技术具有需求的技术人员和管理人员；可作为各类本科、职教、技师 AI 通识教育的教材和参考书，也可作为专业技术人才和政务工作者技能提升相关培训的教辅书。若作为教学用书，参考学时为 34 学时，各章节的参考学时如表 1 所示。

表 1　学时分配表

章节名称	参考学时
任务 1　初识人工智能	4
任务 2　解锁生成式人工智能（AIGC）的奥秘	4
任务 3　初探国内外 AIGC 的类型与应用	4

章节名称	参考学时
任务 4　驾驭 AIGC 提示词工程（Prompt）	2
任务 5　内容生成之使用文心一言编写活动新闻稿	2
任务 6　内容生成之借助天工 AI 实现高效创作	2
任务 7　内容生成之使用 WPS AI 编写实践调研报告	2
任务 8　图形生成之使用海艺 AI 制作活动背景图	4
任务 9　视频生成之使用腾讯智影制作作品解说视频	2
任务 10　视频生成之使用万彩 AI 生成产品简介视频	2
任务 11　辅助阅读之使用 Kimi AI 进行多文本阅读	2
任务 12　AIGC 安全与伦理	2
课程考评	2
学时总计	34

本书由正月十六工作室组编，黄君羡、崔英敏、廖明华，副主编为陈霄、陈梦瑶、黄玲，相关编者详细信息如表 2 所示。

表 2　教材编写单位和编者信息

参编单位	编　者
广东交通职业技术学院	黄君羡、廖明华、赖小平
私立华联学院	崔英敏、陈妙燕、谢海平
广州体育职业技术学院	陈霄
广东水利职业技术学院	陈梦瑶
广东工程职业技术学院	黄玲
广东开放大学	曾小捷
北京火山引擎科技有限公司	赵兴奎
北京金山办公软件股份有限公司	张小平
正月十六工作室	王乐平、王静萍、林晓晓

由于编者水平和经验有限，书中难免存在不足及疏漏之处，恳请读者批评指正。读者可登录华信教育资源网下载本书相关资源。

注意：本书软件界面截图中的帐号应为账号。

编　者
2024 年 7 月

目　录

任务1 初识人工智能

科技报国，智创未来：
国产 AI 芯片自研之路

学习目标

（1）了解人工智能的定义和相关技术；

（2）了解人工智能的应用领域；

（3）会使用通义千问的文生图功能。

任务背景

近年来，人工智能技术取得飞速的发展，成为推动社会进步和经济发展的重要力量，深刻影响着人们的生活和工作方式。小明是一名大一新生，第一次接触人工智能通识课程，他非常好奇，十分感兴趣，因此他想做好课前预习，了解一下课程的内容。

任务分析

对于初学者，初步认识人工智能可从以下问题着手：

（1）什么是人工智能？

（2）人工智能的发展分为哪几个阶段？

（3）人工智能的主要应用领域有哪些？

（4）人工智能相关技术有哪些？

（5）体验主流人工智能技术的应用。

📱 相关知识

1.1 什么是人工智能

1. 人工智能的定义

关于人工智能的科学定义，学术界目前还没有统一的阐述。下面是部分学者提出的关于人工智能的定义。

定义一：人工智能就是让人觉得不可思议的计算机程序。这是一个时代里大多数普通人对人工智能的认知。例如，跳棋程序、围棋程序等。

定义二：人工智能就是与人类思考方式相似的计算机程序。这是人工智能发展早期流行的一种定义方式。例如，专家系统、机器翻译等。

定义三：人工智能就是与人类思维类似的计算机程序。这是从实用主义角度给出的阐述。例如，麻省理工学院开发的"智能"聊天程序 ELIZA。

定义四：人工智能就是会学习的计算机程序。这反映了当代主流技术——机器学习（深度学习）思想。例如，物品分类和预测程序。

定义五：人工智能就是根据对环境的感知，做出合理的反应，并获得最大收益的计算机程序。这强调人工智能可以根据环境感知做出主动反应。例如，自动驾驶。

综上所述，人工智能（Artificial Intelligence，AI）是指用机器去实现所有目前必须借助人类智慧才能实现的任务，它本质上是基于学习能力和推理能力的不断进步，去模仿人类思考、认知、决策和行动的过程。它包括机器学习、计算机视觉等多个领域，旨在使机器能够胜任一些通常需要人类智能才能完成的复杂工作。人工智能的发展以算法、计算和数据为驱动力，其中，算法是核心，计算和数据是基础。

2. 人工智能的分类

从发展程度的角度上，人工智能可以分为三大类：弱人工智能、强人工智能、超人工智能，如图 1-1 所示。

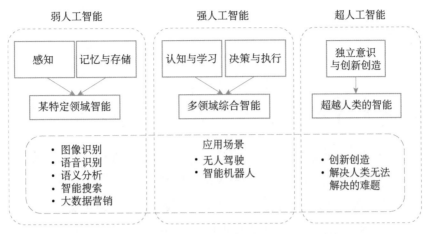

图 1-1　人工智能分类

（1）弱人工智能（Artificial Narrow Intelligence，ANI）：擅长于单个方面的人工智能，即只是经过 AI 训练并专注于执行特定任务。比如有能战胜世界围棋冠军的人工智能 AlphaGo，但是它只会下围棋，如果我们问它其他的问题，它就不知道怎么回答了。目前弱人工智能主要应用于数字助手、智能推荐、人脸识别等方面。

（2）强人工智能（Artificial General Intelligence，AGI）：类似于人类级别的人工智能，可以进行各种复杂的操作。强人工智能能够像人一样理解语言、识别图像、解决问题、做出决策等，可以应用于医疗、金融、交通、安防等多个领域。目前强人工智能主要应用于无人驾驶/自动驾驶、GPT4 与文心一言等各类大语言模型，以及 ChatGPT 等超级 AI 工具，相信后续还将有更多颠覆性的应用出现。

（3）超人工智能（Artificial Super Intelligence，ASI）：几乎在所有领域都比人类大脑聪明很多，表现为科学创新、通识和社交技能方面。超人工智能的发展引发了广泛的讨论和担忧，因为它可能会对人类社会产生巨大的影响，甚至导致永生或灭绝。因此，我们需要谨慎地控制超人工智能的发展。

此外，从技术角度上，人工智能还可以分为认知 AI、机器学习 AI 和深度学习 AI。认知 AI 是处理复杂性和二义性的 AI，能持续不断地在数据挖掘、自然语言处理 NLP 和智能自动化的经验中学习。机器学习 AI 是利用机器学习技术进行数据分析和预测的 AI。深度学习 AI 则是在庞大的未标记数据集上进行学习的 AI，其灵感来自人脑中的神经网络。

1.2 人工智能的起源和发展

1. 人工智能的起源

人工智能的起源可以追溯至 20 世纪 50 年代。最早的人工智能研究是基于符号主义的，这个方法是通过编程来模拟人类的思维过程。但是随着计算机技术的发展，符号主义的限制逐渐显现出来，人们开始寻找新的方法来实现人工智能。在 20 世纪 60 年代末期，机器学习的概念被提出，这是一种通过数据训练机器来自动改进算法的技术。这个方法不再依赖于人类编写规则，而是通过让机器从数据中学习，来实现智能化。机器学习的出现，成为人工智能发展的重要里程碑。

2. 图灵测试

计算机科学之父艾伦·图灵在 1950 年提出了"图灵测试"，这是一种用于评估人工智能是否具有人类智能的标准。在这个测试中，一个测试者分别与一个人和一台机器进行对话，如果测试者不能区分两者的差异，那么这台机器就被认为具有人类智能。

图灵测试的核心思想是要求计算机在没有直接物理接触的情况下接受人类的询问，并尽可能把自己伪装成人类。它旨在测试机器是否能够像人类一样思考和行动，从而具备人类智能的水平。在图灵的设想中，如果机器能够通过这个测试，那么它就可以被认为是真正具有人类智能的。

图灵测试对于人工智能的发展具有重要的意义。它提供了一个评估人工智能是否具有人类智能的标准，从而促进了人工智能技术的发展和应用。同时，它也引发了对于人工智能伦理问题的讨论，即如果机器可以通过图灵测试并被认为具有人类智能，那么我们是否应该赋予它们与人类相同的权利和尊严？这是一个需要深入探讨的问题。

3. 人工智能的发展

1956 年夏天，约翰·麦卡锡、马文·明斯基等科学家在达特茅斯学院召开研讨会，提出了人工智能的概念。达特茅斯会议是人类历史上第一次关于人工智能的研讨，被认为是人工智能诞生的标志。

自诞生以来，人工智能便在充满未知的道路上探索，曲折起伏。人工智能的发展历程大致可以划分为 6 个阶段，如图 1-2 所示。

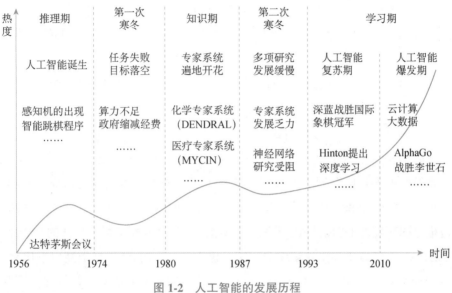

图 1-2　人工智能的发展历程

1）推理期（1956—1974 年）

1956 年是人工智能元年，伴随着"人工智能"这一新兴概念的兴起，人们对人工智能的未来充满了想象，人工智能迎来第一次发展浪潮。这一阶段，人工智能主要用于解决代数、几何问题，以及学习和使用英语程序，研发主要围绕机器的逻辑推理能力展开。其中 20 世纪 60 年代自然语言处理和人机对话技术的突破性发展，大大地提升了人们对人工智能的期望，也将人工智能带入了第一波高潮。这个阶段产生了很多理论，这些理论不仅成为了人工智能领域的基石，还成为了计算机领域的基石。

1956 年召开的达特茅斯会议，首次提出了人工智能的概念，从此人工智能走上了快速发展的道路。

1957 年，计算机科学家罗森布拉特提出了感知机的概念。感知机是最早的人工神经网络。它的出现，将人工智能的发展推向了第一个高峰。在长达十余年的时间里，计算机被广泛应用于数学与自然语言处理领域，解决了很多代数、几何和英语问题，这让很多学者看到了机器向人工智能发展的信心。甚至在当时，有很多学者认为"20 年内机器将能完成人能做的一切工作"。

2）第一次寒冬（1974—1980 年）

人工智能发展初期的突破性进展大大提升了人们对人工智能的期望，人们开始尝试更具挑战性的任务，但受限于当时计算机算力不足，同时由于项目经费不足，人工智能研发变现周期拉长、行业遇冷。

1974 年，哈佛大学沃伯斯在博士论文里，首次提出了通过误差的反向传播（BP）来训练人工神经网络，但在当时未引起重视。

1977 年，海斯·罗思等人的基于逻辑的机器学习系统取得较大的进展，但只能学习单一概念，也未能投入实际应用。

3）知识期（1980—1987 年）

此时的科学家们开始从公用的人工智能技术转变为能够解决某一领域问题的专家系统，并且实现了应用。专家系统是一种基于规则的人工智能系统，它可以模拟人类专家的知识和经验，用于解决特定领域的问题。最早的专家系统是 1968 年由费根鲍姆研发的 DENDRAL 系统，可以帮助化学家判断某特定物质的分子结构；DENDRAL 系统首次提出知识库的定义，也为第二次的 AI 发展浪潮埋下伏笔。

1980 年，卡内基梅隆大学设计了一套名为 Xcon 的专家系统，这是一种采用人工智能程序的系统，可以理解为"知识库+推理机"的组合，这使得人工智能逐渐进入了恢复期。到 1986 年，BP 算法的出现，实现了大规模神经网络训练，使人工智能进入了第二次高峰期。

1982 年，约翰·霍普菲尔德发明了霍普菲尔德神经网络模型，这是最早的 RNN 的雏形。霍普菲尔德神经网络模型是一种单层反馈神经网络（神经网络结构主要可分为前馈神经网络、反馈神经网络及图网络），从输出到输入有反馈连接。它的出现振奋了神经网络领域，在人工智能之机器学习、联想记忆、模式识别、优化计算、VLSI 和光学设备的并行实现等方面有着广泛应用。

1986 年，辛顿等人先后提出了多层感知器（MLP）与反向传播（BP）训练相结合的理念（该方法当时在计算力上还面临着很多挑战，基本上都是和链式求导的梯度算法相关的），这也解决了单层感知器不能做非线性分类的问题，开启了神经网络新一轮的发展高潮。

4）第二次寒冬（1987—1993 年）

专家系统最初取得的成功是有限的，专家系统的实用性只局限于特定领域，同时升级难度高、维护成本居高不下，行业发展再次遇到瓶颈。

1990 年，DARPA（美国国防部高级研究计划局）的人工智能计算机项目没能成功实现，因此政府缩减了研究的经费投入，人工智能进入第二次低谷期。不过，同时期 BP 神经网络的提出，为之后机器感知、交互的发展奠定了基础。

5）人工智能复苏期（1993—2010 年）

互联网技术的迅速发展，加速了人工智能的创新研究，促使人工智能技术进一步走向实用化，与人工智能相关的各个领域都取得了长足进步。在 2000 年年初，由于专家系统的项目都需要编码太多的显式规则，这降低了效率并增加了成本，人工智能研究的重心从基于知识系统转向了机器学习方向。机器学习是一种人工智能技术，它可以让计算机从数据中学习，并自动改进算法，以提高性能。

2006 年，杰弗里·辛顿以及他的学生鲁斯兰·萨拉赫丁诺夫正式提出了深度学习的概念（Deep Learning），开启了深度学习在学术界和工业界的浪潮。2006 年也被称为深度学习元年，杰弗里·辛顿也因此被称为深度学习之父。

6）人工智能爆发期（2010 至今）

随着大数据、云计算、互联网、物联网等信息技术的发展，泛在感知数据和图形处理器等计算平台推动以深度神经网络为代表的人工智能技术飞速发展，大幅跨越了科学与应用之间的技术鸿沟，如图像分类、语音识别、知识问答、人机对弈、无人驾驶等人工智能技术实现了重大的技术突破，迎来爆发式增长的新高潮。特别是 2013 年语音和视觉识别领域识别率达到了 99% 和 95%，引发了人工智能的爆发期。

在人工智能爆发期，发生了一些标志性的事件。

2011 年，苹果 Siri 技术首次应用于 iPhone，iPhone 变成一台智能机器人。

2012 年，Google 获得美国内华达州机动车辆管理局颁发的首张无人驾驶车辆牌照。

2014 年，微软公司发布全球第一款个人智能助理微软小娜。

2016 年，DeepMind 团队的 AlphaGo 运用深度学习算法以 4∶1 击败世界围棋冠军李世石，引发全球对人工智能的深刻思考和讨论。2017 年 AlphaGo Zero（第四代 AlphaGo）在没有任何数据输入的情况下，自学围棋 3 天后便以 100∶0 战胜第二代 AlphaGo，学习 40 天后又战胜了第三代 AlphaGo。

2020 年，GPT-3 问世，成为最先进的自然语言处理模型，引领了语言生成技术的发展。

2022 年 11 月底，人工智能对话聊天机器人 ChatGPT 推出，迅速在社交媒体上走红，短短 5 天，注册用户数就超过 100 万。ChatGPT（全名：Chat Generative Pre-trained Transformer），是 OpenAI 研发的聊天机器人程序，于 2022 年 11 月 30 日发布。ChatGPT 是人工智能技术驱动的自然语言处理工具，它能够基于在预训练阶段所用的模式和统计规律，来生成问题的答案，还能根据聊天的上下文进行互动，像人类一样聊天交流，甚至能完成撰写邮件、视频脚本、文案，进行翻译，编写代码等任务。

2023 年，人工智能在医疗、交通、金融等领域广泛应用，深度融入人类社会生活中。

1.3　人工智能的应用领域

人工智能可以被应用于各种领域，如自动驾驶汽车、语音助手、智能机器人、医疗诊断、金融分析等。人工智能的发展能够改变人们的生活和工作方式，带来了巨大的社会影响。

1. 智能安防

人工智能在安防领域的应用包括人脸识别、物体检测、行为分析等。

2. 智能金融

人工智能在金融领域的应用包括智能投顾、风险评估、信贷审批、智能客服等。

3. 智能家居

智能家居主要是基于物联网技术，通过智能设备、传感器、控制器等实现家居设备的自动化控制和管理，如智能门锁、家庭安防、网络摄像头等。

4. 智能医疗和健康管理

人工智能在医疗领域的应用包括疾病诊断、医疗影像、健康监测等。

5. 智慧教育

人工智能在教育领域的应用包括在线教育、智能家教、教育机器人等。

6. 智能制造

人工智能与制造业融合是大势所趋，可以应用于智能制造、智能工厂、智能机床、智能机器人等场景。即在基于互联网的物联网意义上实现的包括企业与社会在内的全过程制造，把工业 4.0 的"智能工厂""智能生产""智能物流"进一步扩展到"智能消费""智能服务"等全过程的智能化中去。

7. 智能零售

人工智能在零售领域的应用已十分广泛，正在改变人们购物的方式。无人便利店、智慧供应链、客流统计、无人仓/无人车等都是热门方向。

8. 智慧交通与自动驾驶

大数据和人工智能可以让交通更智能，智能交通系统是通信、信息和控制技术在交通系统中集成应用的产物，主要应用包括智能交通信号控制、智能车辆、智能船舶等。

9. 决策支持和个性化推荐

人工智能可以帮助决策者进行数据分析和预测，从而做出更明智的决策。此外还可以根据用户的兴趣和行为，推荐个性化的产品和服务，用于财务分析、市场预测、电子商务等。

总之，人工智能的应用领域非常广泛，并且还在不断扩展和演进。随着技术的进步，人工智能在更多领域的应用也将得到不断拓展和优化。

1.4 人工智能相关技术

1. 人工智能四要素

人工智能四要素包括：数据、算力、算法、场景。随着 AI 大模型规模的不断扩大，对计算资源的需求也在增加。高性能的硬件设备、海量场景数据、强大的算力基础和升级迭代的算法模型成为支持 AI 大模型发展的关键。

数据（Data）提供了学习的材料和训练的依据，大规模、高质量的数据对于机器学习和深度学习等算法的训练和优化至关重要。数据可以来自多个渠道，包括结构化数据（如数据库）、非结构化数据（如文本、图像、音频和视频）以及实时生成的数据（如传感器数据）。数据之于 AI 应用，如同流量是互联网的护城河，有核心数据才有关键的 AI 算力。

算力（Computing Power）是计算机系统处理复杂计算任务和大规模数据的能力，为人工智能提供基本的计算能力的支撑。随着人工智能任务的复杂性不断增加，对于高效算力的需求也日益增大。特别是深度学习等计算密集型任务，需要进行大量矩阵运算和神经网络模型训练，对算力提出了更高的要求。为了满足这种需求，专门设计的硬件设备如图形处理器（GPU）和专用 AI 芯片的应用变得越来越广泛。这些硬件设备具备并行计算能力和高效能运算，能够大幅度提升计算速度和效率，加速人工智能任务的处理过程。

算法（Algorithm）是实现智能决策和预测的数学模型，是实现人工智能的根本途径，是挖掘数据智能的有效方法。人工智能领域涵盖了多种算法，如机器学习、深度学习和强化学习等。这些算法通过训练模型，使其从数据中学习并做出预测或决策。随着算法的不断创新和改进，人工智能在语音识别、图像处理、自然语言处理等领域取得了显著的成果，并为实现更高级别的人工智能算力提供了基础。

数据、算力、算法作为输入，只有在实际的场景（Scene）中进行输出，才能体现实际价值。

2. 人工智能技术架构

人工智能的技术架构按照产业生态通常可以划分为基础层、技术层、应用层三大板块，如图 1-3 所示。其中，基础层提供了支撑人工智能应用的基础设施和技术，包括存储和处理大规模数据的能力，以及高性能的计算和通信基础设施；技术层提供了各种人工智能技术和算法，用于处理和分析数据，并提取有用的信息和知识；应用层是人工智能技术的最终应用领域，将技术层提供的算法和模型应用到具体的问题和场景中，实现智能化的决策和优化。

人工智能的三层技术框架是相互交织和紧密关联的，各个层次之间的功能和作用也存在重叠和互动。在实际应用中，还需要根据具体需求进行定制和整合，可形成完整的人工智能解决方案。

图 1-3 人工智能技术架构

从图中可知，人工智能主要技术包括以下几类。

1）机器学习

机器学习（Machine Learning，ML）是一门多领域交叉学科，涉及概率论、统计学、逼近论、凸分析、算法复杂度理论等多门学科。它专门研究计算机怎样模拟或实现人类的学习行为，以获取新的知识或技能，重新组织已有的知识结构使之不断改善自身的性能。机器学习是人工智能的核心，是使计算机具有智能的根本途径。

机器学习的主要算法包括有监督学习、无监督学习、半监督学习和强化学习等。有监督学习通过已知输入数据和输出数据来训练模型，从而使得模型能够根据给定的输入数据预测相应的输出数据；无监督学习通过已知输入数据和输出数据类别来训练模型，从而使得模型能够将输入数据聚类为不同的类别；半监督学习介于有监督学习和无监督学习之间，它利用部分有标签数据和大量无标签数据来训练模型；强化学习通过让模型与环境交互并优化策略来学习如何执行任务。

机器学习的应用非常广泛，包括金融、医疗、教育、自然语言处理等领域。例如，在金融领域，机器学习可以用于股票价格预测、信用风险评估等任务；在医疗领域，机器学习可以用于医学图像识别、基因测序等任务；在教育领域，机器学习可以用于自适应教育、智能辅导等任务；在自然语言处理领域，机器学习可以用于文本分类、情感分析等任务。

2）深度学习

深度学习（Deep Learning，DL）是机器学习的一种，研究的主要内容是建立模拟人脑的神经网络，通过模拟神经元之间的连接和信号传递过程，实现对图像、声音、文本等数据的识别、理解和生成。

深度学习模型通常采用人工神经网络结构，其算法基于神经网络的学习理论。在深度学习中，神经网络通常具有多个隐藏层，这些隐藏层可以不同的方式组合和连接。深度学习模型的学习过程是通过反向传播算法实现的，该算法可以自动调整神经网络的权重和偏差，以最小化预测误差。深度学习模型可以自动从数据中学习到特征和模式，并且可以使用这些特征和模式来做出预测或决策。深度学习主要用于处理大规模、复杂的数据，并可以自动地学习到特征和模式，相较于传统的机器学习算法，它具有更好的泛化能力和更高的预测准确率。

3）计算机视觉

计算机视觉（Computer Vision，CV）研究如何从图像或视频中获取信息，并对其进行处理和分析，以实现自动化检测、识别和跟踪等任务。其中，图像处理和分析包括对图像进行预处理和滤波，提取图像中的特征，如边缘、纹理、颜色等，以便更好地理解图像。

此外，计算机视觉还研究如何通过深度学习和神经网络等算法，提高图像分类、目标检测、分割和识别等任务的准确性和鲁棒性。这些算法可以自动学习大量数据中的模式和特征，并应用于图像处理和分析中，以实现更高效和准确的自动化处理。

4）自然语言处理

自然语言处理（Natural Language Processing，NLP）是一种人工智能技术，旨在让计算机理解和处理人类语言。NLP通过语言学、计算机科学和人工智能技术的交叉研究，构建能够理解人类输入内容并做出相应回应的数字系统。

NLP的研究主要集中在自然语言理解（NLU）和自然语言生成（NLG）两个核心子集上。前者旨在将人类语言转换为机器可读的格式以进行自动分析和处理，如语音识别、文本分类和信息抽取；后者则将机器生成的语言转换为人类可读的格式，如机器翻译和智能回复。

NLP的应用非常广泛，包括机器翻译、舆情监测、自动摘要、观点挖掘、文本分类、信息抽取、文本语义对比、机器写作等。

总之，自然语言处理技术是人工智能领域的重要分支之一，旨在实现人与机器之间的智能交互。随着人工智能技术的不断发展，NLP 的应用场景也将越来越广泛。

5）语音识别

语音识别是一种将人类语音转换成文本的技术。它涉及对输入的音频信号进行处理，然后通过分析和对比语音信号的特征，将其转换成对应的文本表示形式。

语音识别技术在很多领域都有广泛的应用，如智能家居、车载娱乐、手机助手等。在这些领域中，人们可以通过语音与设备进行交互，从而避免了烦琐的手动操作，提高了使用的便捷性和安全性。

随着人工智能技术的不断发展，语音识别技术在准确度和识别速度方面也在不断提高。未来，随着 5G 等新技术的普及和应用，语音识别技术将在更多领域得到广泛应用，为人们的生活带来更多的便利和乐趣。

6）生成式人工智能

生成式人工智能（Artificial Intelligence Generated Content，AIGC）是一种人工智能技术，用于自动生成内容，能够通过学习和模拟训练数据中的模式和特征，生成与训练数据分布相似的新内容，是当今研究及应用的热门技术。与传统的人工智能主要关注数据模式的识别和预测不同，AIGC 专注于创造新的、富有创意的数据。AIGC 的应用领域广泛，包括图像、文本、音频、视频等多个领域。AIGC 在人工智能中的定位及其与其他要素的关系如图 1-4 所示。

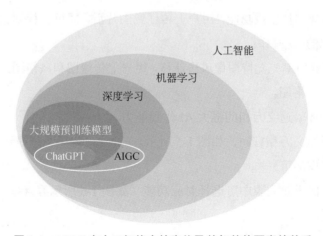

图 1-4 AIGC 在人工智能中的定位及其与其他要素的关系

📇 **任务实施**

人工智能初体验

近年来，中国的 AI 大模型产业如火如荼。据《中国人工智能大模型地图研究报告》披露，自 2020 年以来，中国企业和机构已发布了 79 个参数在 10 亿规模以上的大模型，这轮热潮也被戏称为"百团大战"。大模型入局者中，既有百川智能、光年之外等后起之秀，也不乏百度、腾讯、商汤科技、科大讯飞等积淀深厚的选手。阿里云通义大模型，无疑是百家争鸣中的引领者。阿里云通义大模型是阿里云推出的一个超大规模的语言模型，功能包括多轮对话、文案创作、逻辑推理、多模态理解、多语言支持。该模型能够跟人类进行多轮交互，也融入了多模态的知识理解，且有文案创作能力，能够续写小说、编写邮件等。

通义万相是阿里云通义大模型系列 AI 绘画创作大模型，该模型可辅助人类进行图片创作，于 2023 年 7 月 7 日正式上线。通义万相可通过对配色、布局、风格等图像设计元素进行拆解和组合，提供高度可控性和极大自由度的图像生成功能。

通义万相首批上线三大能力如下：

其一，基础文生图功能，可根据文字内容生成水彩、扁平插画、二次元、油画、中国画、3D 卡通和素描等风格图像；

其二，相似图片生成功能，用户上传任意图片后，即可进行创意发散，生成内容、风格相似的 AI 画作；

其三，在业内率先支持图像风格迁移，用户上传原图和风格图，可自动把原图处理为指定的风格图。

下面一起体验通义万相的强大 AI 作画能力。

（1）打开通义万相官网，如图 1-5 所示。（注意：如果系统提示需注册登录，按提示进行操作即可）

（2）在左侧下拉列表中可选择对应功能（如图 1-6 所示），这里选择"文本生成图像"选项。

（3）在左侧文本框中输入提示词（Prompt），系统给出提示词咒语：主题+主题描述+风格描述。例如，小猫，在洗衣机里对我笑，插画风。在本案例中输入提示词:"女大学生,在图书馆聚精会神看书,肖像特写,阳光透过窗户照在脸上",单击"生成创意画作"按钮,在右侧作画区中生成了 4 幅图画,如图 1-7 所示。

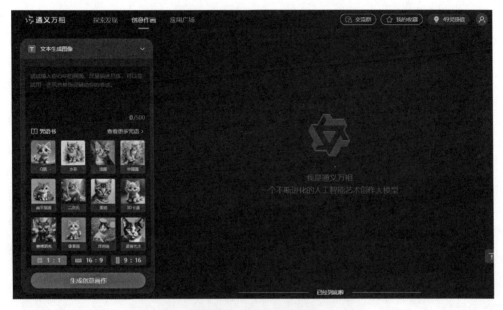

图 1-5　通义万相官网

图 1-6　功能选择

图 1-7　输入提示词生成图画

（4）在左侧"咒语书"窗口中选择咒语，即设置图画风格。例如，选择"3D卡通""9：16"，单击"生成创意画作"按钮，在右侧作画区中将重新生成4幅图画，如图1-8所示。

图1-8　选择咒语重新生成图画

练习与实践

一、选择题

1. 人工智能的简称是（　　）。

A. AR　　　　　　　　B. VR　　　　　　　C. AI　　　　　　　D. IT

2. 人工智能的定义是（　　）。

A. 一种模拟人类智能的科学和技术

B. 计算机编程语言的总称

C. 一种新型的网络技术

D. 机器人制造技术的简称

3. 弱人工智能是指（　　）。

A. 低于人类智力水平的人工智能

B. 和人类智力水平旗鼓相当的人工智能

C. 超出人类智力水平的人工智能

D. 远超人类智力水平的人工智能

4. 人工智能的发展共经历了 3 次热潮，其中第 3 次热潮主要得益于（　　）算法的突破和发展，以及计算能力的极大增强、数据量的爆炸式增长等驱动因素。

A. SVM（支持向量机）　　　　　　　　B. 贝叶斯分类

C. 深度学习　　　　　　　　　　　　　D. 决策树

5. 下列不属于人工智能应用的是（　　）。

A. 自动驾驶　　　　　　　　　　　　　B. 智能音箱

C. 人脸识别　　　　　　　　　　　　　D. 非接触测温仪

6. 以下哪个是阿里云推出的大语言模型？（　　）

A. 通义大模型　　　　　　　　　　　　B. 文心大模型

C. 星火大模型　　　　　　　　　　　　D. ChatGPT

7. 机器学习是人工智能的一个分支，它主要依赖于（　　）。

A. 预设的规则和算法　　　　　　　　　B. 大量的数据和算法

C. 人类专家的指导　　　　　　　　　　D. 神经网络的模拟

8. 深度学习是机器学习的一个子领域，它主要使用（　　）结构来模拟人脑处理信息的方式。

A. 决策树　　　　　　　　　　　　　　B. 神经网络

C. 支持向量机　　　　　　　　　　　　D. 遗传算法

9. 人工智能中的"自然语言处理"（NLP）主要研究的是（　　）。

A. 计算机如何理解人类语言　　　　　　B. 人类如何学习外语

C. 机器人如何说话　　　　　　　　　　D. 编程语言的设计

10. 计算机视觉的基本任务不包括以下哪项？（　　）

A. 图像分类　　　　　　　　　　　　　B. 图形增强

C. 目标检测　　　　　　　　　　　　　D. 语义分割

11. 以下哪个不是语音识别技术的应用场景？（　　）

A. 入侵检测　　　　　　　　　　　　　B. 语音合成

C. 语音翻译　　　　　　　　　　　　　D. 智能客服

二、任务实践

人工智能技术快速发展，已经渗透到我们生活的方方面面，对社会产生了深远的影响。为了全面了解人工智能的发展历程、现状以及未来趋势，同学们需要完成一个实践调研任务，调研内容如下：

1. 人工智能技术发展趋势与未来应用调研报告；
2. 分析当前人工智能技术的最新进展和热点；
3. 预测未来人工智能技术的发展趋势和应用领域；
4. 探讨技术发展对社会、经济和文化的影响。

任务2　解锁生成式人工智能（AIGC）的奥秘

学习目标

（1）了解大语言模型的定义、基本原理和相关技术；

（2）了解生成式人工智能的定义及其对各个职业岗位的影响；

（3）掌握生成式人工智能在各个领域中的应用。

素质拓展

科技报国："二十大精神"
引领科技自立自强新篇章

任务背景

小度、小艺等小伙伴已经成为我们熟识的 AI 机器人，使用 WPS AI 制作一个主题演讲的 PPT、使用讯飞星火实时记录会议纪要、使用腾讯智影制作一个自己的虚拟数字人等已经迅速成为热门的 AIGC 技能。AIGC 的快速发展，正深刻改变着人们的工作方式，它要求职场人需要掌握提示词编写、内容调优等 AIGC 技术相关的技能和知识，同时也创造了 AIGC 算法工程师、数据科学家、内容创作者等新岗位。

小明作为一名在读大学生，面对 AIGC 带来的挑战，迫切需要了解 AIGC 的相关知识，以及带来的变革与影响。

任务分析

对于初学者，初步认识 AIGC 可从以下问题着手：

（1）什么是大语言模型？

（2）什么是 AIGC？

（3）AIGC 对职业岗位有什么影响？

（4）AIGC 的主要应用有哪些？

相关知识

2.1 什么是大语言模型

1. 大语言模型的定义

大语言模型（Large Language Model，LLM）是一种基于深度学习的人工智能技术，旨在处理和生成人类语言。LLM 是通过在大规模语料库上进行训练来学习语言的模式、规则和语义理解能力的模型。

当谈到 LLM 时，我们可以将其理解为一种深度学习模型，它被设计用来回答各种自然语言问题。LLM 的目标是理解和生成人类语言，以便回答各种问题和提供有关信息。

LLM 的核心是一个非常大的神经网络，它在大量的文本数据中学习和提取语言规律。这些模型通常包含数十亿甚至数百亿的参数，这使得它们能够处理复杂的语言现象并生成连贯的文本。

2. 大语言模型的基本原理

具体来说，大语言模型会利用深度学习技术，将大量的文本数据输入到模型中。这些文本数据包含了人类语言的规则、语法、语义和知识等信息。模型会通过学习这些数据，逐渐理解语言的规律和知识，从而能够生成新的、与人类语言相似的文本。当输入一句话或者一段文字时，模型会根据它已经学习的语言规律，尝试理解和生成新的文本。

例如，当我们在大语言模型中发送"今天天气不错"后，将会得到"是的，今天天气不错是一件让人感到愉悦的事情……"的回复，如图 2-1 所示。

3. LLM 与 AIGC

LLM 可以被认为是 AIGC 技术的基础之一。这是因为大语言模型以其强大的自然语言理解和生成能力，为 AIGC 应用提供了关键的技术支撑。如 GPT-4、百度文心一言、华为盘古等，经过大规模数据训练后，能够理解和生成高质量的自然语言文本，具备以下与 AIGC 密切相关的特性。

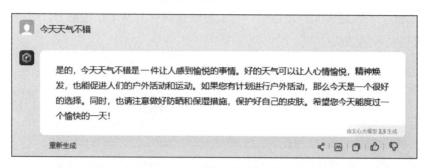

图 2-1 大语言模型测试

（1）语言理解：LLM 能够理解输入的文本语境，捕捉语言的复杂结构、语法、语义以及潜在的隐喻、暗示等深层次含义，这使得它们能够准确地解析用户提供的提示信息（Prompt），理解创作任务的需求。

（2）创造性生成：基于对语言的深入理解，LLM 能够在给定提示或特定情境下生成连贯、多样且富有创意的文本内容，如文章、诗歌、故事、对话、代码片段等，满足 AIGC 在不同应用场景中对内容创新的需求。

（3）泛化能力：LLM 经过大规模无监督或半监督学习，具备跨多种主题和风格进行内容生成的泛化能力，能够应对各种未曾见过的 AIGC 任务，只需通过适当的提示引导即可产生相关的内容。

（4）交互性：一些 LLM 支持实时交互，用户可以逐步调整提示或追问模型以获得更符合期望的输出，这种即时反馈机制增强了 AIGC 工具的灵活性和用户友好性。

（5）融合多模态信息：尽管 LLM 本身主要处理文本数据，但通过与其他 AI 技术（如计算机视觉、语音识别等）结合，它们可以参与到多模态 AIGC 应用中，处理包含图像、音频等非文本信息，并生成相应的跨模态内容。

（6）作为开发框架组件：如 LangChain（LLM 编程框架）所示，LLM 被纳入应用开发框架中，成为构建复杂 AIGC 应用（如自治代理）的核心部件，通过与其他 AI 服务、数据库等基础设施协同工作，实现更为智能化、自主化的生成任务。

综上所述，LLM 凭借其强大的自然语言处理能力，为 AIGC 提供了生成高质量、多样性和创造性文本内容的基础。无论是直接作为内容生成引擎，还是作为更庞大 AIGC 系统的一部分，LLM 都是推动人工智能生成内容技术发展的重要基石。随着 LLM 的不断进步和广泛应用，它们将继续深化与 AIGC 的融合，赋能更多创新应用和业务场景。

2.2　什么是生成式人工智能（AIGC）

生成式人工智能（AIGC）是一种能够自动生成文本、图像或其他形式的内容的人工智能技术。与传统的人工智能系统只能根据预先规定的规则来回答问题或完成任务不同，生成式人工智能可以通过学习大量数据和模式，从而能够自主地创造新的内容。

它的工作原理类似于人类的创造过程。生成式人工智能通过训练模型学习了大量的语言、图像或其他类型的数据，从中找出规律并提取出模式。当给定一个输入或提示时，生成式人工智能会根据已学习到的知识和规律，创造出与之相关的新内容。

例如，当输入一个问题时，生成式人工智能可以根据已学习到的知识和现有的语义理解能力，自动生成一个合理的答案。它不仅能够理解问题的含义，还能够根据上下文和语法规则生成连贯的答案，就像一个有智慧的人一样。

生成式人工智能在多个领域中都有应用，如自动文本摘要、自动翻译、自动创作等。它的出现使得机器能够更加自主地进行创造性的工作，为人类带来了更多可能性和便利性。然而，生成式人工智能也面临着一些挑战，如生成结果的准确性、语义理解的深度等方面不佳，需要不断地研究和改进来提高其性能。

2.3　AIGC 对职业岗位的影响

AIGC 的发展历史可追溯到人工智能领域的初期。受益于大数据、云计算等技术的快速发展和深度学习技术的突破，AIGC 开始进入快速发展阶段，能够生成更加复杂和多样化的内容，如图像、音频和视频等。AIGC 的应用已经从传统的文本生成扩展到了自动驾驶、医疗健康、智能制造、智能家居等多个新领域，为各行业提供了更多的创新可能性，同时也给传统岗位的发展带来了多方面的影响，主要体现在以下方面。

1. AIGC 技术为企业创造了更大的价值

AIGC 技术通过自动化处理一些重复、烦琐的工作，显著提高了工作效率。例如，在数据分析、报告生成等领域，AIGC 能够迅速处理大量数据，生成准确的分析报告，从而释放职场人更多的时间和精力，让他们更专注于创新性和战略性的工作。这种效率的提升不仅使得现有岗位的工作流程得到优化，也为企业创造了更大的价值。

2. AIGC 给现有岗位的发展带来了一定的挑战

一些传统上需要人工进行的内容创作、设计等工作，现在可以通过 AIGC 技术实现自动化或半自动化。这使得职场人需要适应新的工作方式，同时也催生了新的工作内容和职责，如数据标注、模型调优、内容审核等与 AIGC 技术相关的技能和知识。

由此，AIGC 给现有岗位的发展已经带来了一定的挑战。一方面，部分岗位可能会因为 AIGC 的自动化而面临减少或消失的风险；另一方面，职场人需要不断提升自己的技能和知识，以适应新技术带来的变革。因此，对于职场人来说，保持学习和创新精神，积极拥抱新技术，将是应对 AIGC 带来挑战的关键。

3. AIGC 创造了一些全新的岗位

随着 AIGC 技术的普及和应用，需要更多具备相关技能和经验的人才来支持这一领域的发展。例如，AIGC 算法工程师、数据科学家、内容创作者等岗位应运而生，这些岗位为职场人提供了更广阔的职业发展空间。

综上所述，AIGC 给现有岗位的发展带来了工作效率提升、工作内容变革以及新岗位创造等多方面的影响。这些影响既为职场人提供了更多的发展机会，也带来了一定的挑战。因此，职场人需要保持敏锐的洞察力和学习能力，以适应 AIGC 带来的变革和发展趋势。

![任务实施]

2.1 了解 AIGC 之虚拟助手应用

AIGC 可以用于开发虚拟助手，如智能语音助手（如 Siri、Alexa、Google Assistant）和聊天机器人。这些虚拟助手可以理解和回答用户提出的问题，提供实时的帮助和信息。虚拟助手可以应用于以下几方面。

自然语言交互：AIGC 可以根据用户输入的内容，生成自然流畅的回复。例如，用户说"明天广州的天气怎么样？"，AIGC 可以根据当前的日期和天气数据，生成符合语境的回复，如图 2-2 所示。

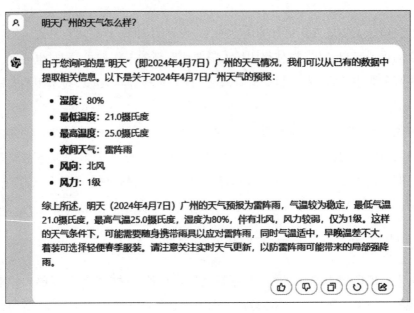

图 2-2　自然语言交互实例

个性化服务：AIGC 可以根据用户的历史行为和偏好，提供个性化的服务。例如，用户在音乐平台上经常听某位歌手的歌曲，AIGC 可以生成一条个性化的推荐，推荐该歌手的其他歌曲或相似的歌曲。

智能助手：AIGC 可以根据用户的指令，完成各种任务。例如，用户说"打开客厅的灯！"，AIGC 可以根据用户的声音特征和语意，识别出用户的指令，并控制智能家居设备，打开客厅的灯。

聊天陪伴：AIGC 可以作为用户的聊天伙伴，陪伴用户度过无聊的时光。例如，用户可以说"我想和你聊聊天！"，AIGC 可以根据用户的历史对话和偏好，生成有趣的话题和回复，与用户进行自然的对话。

将 AIGC 运用在虚拟助手上，可以提供更加智能、自然、个性化的服务，满足用户的各种需求。同时，也需要考虑隐私和安全等问题，保障用户的数据安全和权益。

2.2　了解 AIGC 之客服与支持应用

AIGC 可以应用于客服与支持领域，用于自动化处理常见问题和提供标准化的解决方案。通过 AIGC，用户可以通过自然语言对话与系统进行交互，获取所需的支持和解答问题。AIGC 在客服与支持领域中的应用包括以下几方面。

自动回复常见问题：AIGC 可以通过自然语言处理技术，自动回复客户提出的常见问题。它可以根据之前的历史记录和常见问题库，快速地给出准确的答案，大大提高了工作效率。如图 2-3 所示是京东智能客服针对客户要求"申请保价"服务的自动答复。

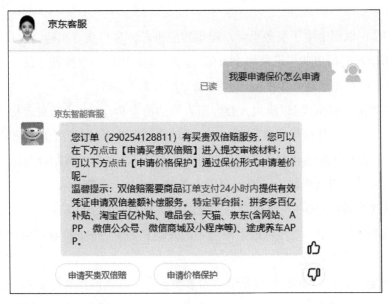

图 2-3　京东智能客服

智能分类和分配任务：AIGC 可以根据客户提出的问题和需求，将不同的任务分配给不同的客服人员。这不仅可以提高工作效率，还可以根据客服人员的专业特长，将任务分配给最适合的人员，提高客户满意度。

情感分析和满意度评估：AIGC 可以通过自然语言处理技术，对客户的语气和情感进行分析，从而评估客户满意度。它可以根据客户的语气和表达方式，判断客户的情感倾向和满意度，从而为客服人员提供更好的指导和服务。

自动化故障诊断和解决方案推荐：AIGC 可以通过对大量数据的学习和分析，自动诊断客户提出的故障问题，并给出相应的解决方案。这不仅可以提高工作效率，还可以为客户提供更好的服务和体验。

智能跟进和回访：AIGC 可以根据客户提出的问题和需求，自动跟进和回访客户。它可以根据客户的需求和反馈，自动提醒客服人员跟进，从而提高客户满意度和服务质量。

将 AIGC 运用在客服和支持场景中，可以大大提高工作效率和客户满意度。它不仅可以自动回复常见问题，还可以进行智能分类和分配任务、情感分析和满意度评估、自动化故障诊断和解决方案推荐，以及智能跟进和回访。

2.3　了解 AIGC 之电子商务应用

AIGC 可以用于电子商务平台，提供智能推荐、客户支持和购物建议等功能。通过分析用户的历史购买记录和个人偏好，AIGC 可以向用户推荐个性化的产品和服务。AIGC 在电子商务中的应用包括以下几方面。

智能客服：AIGC 可以模拟人类客服人员的语言和行为，为消费者提供实时的问题解答、产品推荐和售后服务。它可以自动回复消费者的邮件、短信和在线咨询问题，提高客户体验感和服务效率。如图 2-4 所示是海尔智能客服针对用户的退货要求，智能选择退货机器人，协助提供专业的退货售后处理流程。

个性化推荐：AIGC 可以根据消费者的历史行为、偏好和需求，生成个性化的商品推荐和广告内容。它可以根据消费者的兴趣和购买习惯，推荐相应的产品，提高转化率和客户满意度。

智能搜索引擎：AIGC 可以帮助消费者更快速、准确地找到想要的产品。它可以根据消费者的搜索历史和行为，优化搜索结果，提高搜索的准确性和相关性。

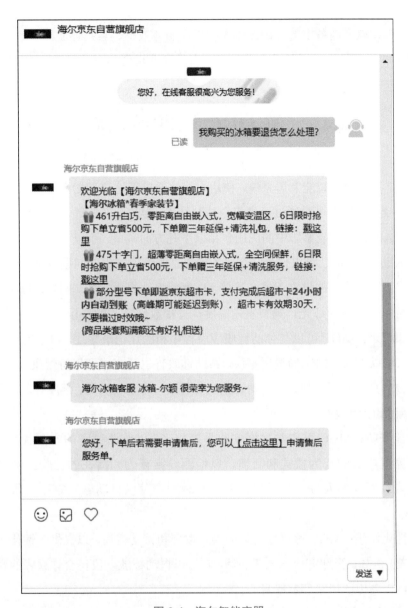

图 2-4　海尔智能客服

　　智能营销：AIGC 可以根据消费者的购买意愿和需求，自动生成精准的营销策略和广告内容。它可以预测消费者的购买决策，为其推荐最符合其需求的产品，提高营销效果和 ROI（投资回报率）。

　　智能物流：AIGC 可以帮助电子商务企业提高物流效率和优化配送路线。它可以根据订单的数量、地址和时间等信息，自动规划物流配送方案，降低成本和提高效率。

AIGC 在电子商务中的应用可以大幅提高服务效率、客户体验感和营销效果，降低成本和风险，为电子商务企业带来更多的商业机会和竞争优势。

2.4　了解 AIGC 之智能家居应用

AIGC 可以用于智能家居系统，使用户能够通过下达语音指令或对话，与家居设备进行交互。用户可以通过语音指令控制灯光、温度、音乐等，实现智能化的居家体验。AIGC 在智能家居中的应用包括以下几方面。

个人助手：AIGC 可以作为一个私人助手，随时回答你的问题，提供你需要的信息。它可以学习你的日常习惯和喜好，以便更好地提供服务。例如，当你回到家时，它可以自动打开灯光，调节室内温度，并播放你喜欢的音乐等。

健康管理：AIGC 可以与你的健康应用程序和医疗记录相连，以了解你的健康状况。它可以生成个性化的健康建议，帮助你改善生活方式和保持健康。例如，它会根据你的身体数据和建议，自动调整室内环境，如空气质量、湿度等，以提供一个更健康的生活环境。

智能安防：AIGC 可以与家庭安防系统相连，以监测家庭的安全状况。它可以分析家庭成员的行为模式和习惯，以检测异常行为和潜在的危险。例如，当检测到未经授权的人进入或出现异常活动时，它可以自动触发警报和通知相关人员。

个性化娱乐：AIGC 可以分析你的娱乐偏好和日常习惯，以提供个性化的娱乐内容推荐。例如，当你完成一项任务后，它可以自动播放一段符合你喜好的音乐或视频，以提高你的情绪和放松身心。

通过将这些技术应用于智能家居领域，我们可以实现更加智能化、个性化和便捷的生活方式。

2.5　了解 AIGC 之教育与培训应用

AIGC 可以应用于在线教育和培训领域，提供智能化的学习支持和个性化的教育体验。通过与学生进行交互对话，AIGC 可以提供答疑解惑、作业辅导和学习建议等服务。AIGC 在教育与培训中的应用包括以下几方面。

个性化学习：AIGC 可以根据学生的学习风格、能力水平、兴趣爱好等因素，提供个性化的学习方案和课程资源。例如，根据学生的课堂表现和作业情况，智能生成符合其学习需求的练习题目和复习资料，实现精准教学和个性化辅导。

智能辅导：AIGC 可以作为学生的智能辅导工具，在学生的学习过程中提供实时反馈和指导。例如，在学生完成作业或考试后，AIGC 可以根据学生的答案，快速生成针对错题和知识点的讲解视频和文本，帮助学生及时发现和解决问题。

智能教材：AIGC 可以根据课程目标和学生学习需求，自动生成教材和课程资料。这些资料可以包括章节内容、练习题目、模拟试卷等，确保教材内容的实时性和适用性。

虚拟实验：AIGC 可以为学生提供虚拟实验环境，让学生在计算机上完成实验操作。例如，在物理实验中，学生可以通过模拟软件操作实验设备，获取实验数据并进行分析，从而加深对物理原理的理解和掌握。

在线培训：AIGC 可以为员工、学生、教师等提供在线培训和教育服务。例如，根据培训目标和学员需求，自动生成针对不同岗位和技能的培训课程，提高培训效率和效果。

需要注意的是，虽然 AIGC 在教育和培训领域具有广泛的应用前景，但也存在一些挑战和问题。例如，如何确保 AIGC 生成的内容质量和准确性、如何保护学生的隐私和数据安全、如何避免 AIGC 的偏见和歧视等问题。因此，在使用 AIGC 时，需要认真考虑这些因素，并采取相应的措施和对策。

2.6　了解 AIGC 之医疗保健应用

AIGC 可以用于医疗保健领域，如智能健康助手、医疗咨询和疾病诊断。通过与患者进行对话，AIGC 可以提供健康建议、药物咨询和疾病诊断的辅助。AIGC 在医疗保健中的应用包括以下几方面。

疾病诊断：AIGC 可以根据患者的症状和病史，提供疾病诊断的辅助信息。例如，根据患者的症状和检查结果，智能生成可能的疾病名称和诊断建议，帮助医生更快、更准确地做出诊断。

智能诊疗：AIGC 可以结合医生的诊断经验和大量病例数据，提供智能诊疗建议。例如，根据患者的病情和检查结果，智能生成治疗计划和用药建议，帮助医生制定更科学、更有效的治疗方案。

健康管理：AIGC 可以为个人提供个性化的健康管理服务。例如，根据个人的健康状况和运动数据，智能生成健康报告和饮食建议，帮助个人更好地了解自己的身体状况，并采取相应的健康管理措施。

药物研发：AIGC 可以利用大规模的数据和强大的计算能力，加速药物研发的过程。例如，可以根据已知的药物化合物和生物数据，智能生成新的药物候选分子，缩短药物研发周期。

医疗影像分析：AIGC 可以利用深度学习技术，自动检测和分析医疗影像中的异常情况。例如，在 X 光片或 CT 扫描图像中，自动检测出异常的器官、组织或病变，提高医疗影像分析的准确性和效率。

需要注意的是，虽然 AIGC 在医疗保健领域具有广泛的应用前景，但也存在一些挑战和问题。例如，如何确保 AIGC 生成的诊断和建议的准确性和可靠性，如何保护患者的隐私和数据安全，如何应对 AIGC 的误诊和事故等问题。因此，在使用 AIGC 时，需要认真考虑这些因素，并采取相应的措施和对策。

练习与实践

一、选择题

1. 大语言模型通常指的是什么？（　　　）

A. 处理大量文本数据的程序

B. 一种能够处理多种语言的翻译工具

C. 专门用于教学领域的语言学习软件

D. 一种复杂的算法，能够理解和生成自然语言文本

2. 生成式人工智能（AIGC）的主要特点是什么？（　　　）

A. 只能分析已有的数据

B. 可以创建新的、之前不存在的内容

C. 仅用于处理图像和视频

D. 仅适用于特定领域的任务

3. AIGC 的发展对哪些职业岗位可能会产生较大影响？（　　　）

A. 数据分析师　　　　　　　　　　B. 程序员

C. 内容创作者　　　　　　　　　　D. 以上所有选项

4. 以下哪项不是 AIGC 的主要应用？（　　）

A. 文本生成　　　　　　　　　　　B. 图像识别

C. 语音合成　　　　　　　　　　　D. 数据存储

5. AIGC 在内容创作领域的应用中，通常不包括什么？（　　）

A. 撰写新闻稿　　　　　　　　　　B. 创作广告文案

C. 编写电影剧本　　　　　　　　　D. 制作数据表格

二、任务实践

随着科技的不断发展，AIGC 技术已经成为引领未来的重要力量。据预测，AIGC 技术将在未来几年内持续改变多个行业领域。为了把握这一趋势并探索其背后的原因，同学们需要对此进行一个实践调研任务，调研任务题目及调研要求如下。

AIGC 技术在内容创作领域的应用及其影响调研报告

调研要求：

1. 调研 AIGC 技术在内容创作领域的具体应用案例，包括但不限于文本生成、图像创作、视频编辑等。

2. 分析 AIGC 技术对内容创作效率、创作质量以及创作者工作方式的影响。

3. 采访内容创作者，了解他们对 AIGC 技术的接受程度、使用体验以及未来期望。

4. 结合市场数据和行业趋势，评估 AIGC 技术在内容创作领域的发展前景。

任务3 初探国内外AIGC的类型与应用

学习目标

（1）了解 AIGC 技术在不同标准下的各种分类及应用；

（2）了解大语言模型工具的选择与应用方法；

（3）掌握国内外不同大语言模型工具的注册与简单应用。

素质拓展

科技强国：国产 AIGC
在垂直大模型应用的
全球竞争优势

任务背景

随着科技的飞速进步，人工智能已逐渐渗透到我们生活的方方面面，其中，AIGC 技术更是引领着一场全新的变革。AIGC 不仅重塑了我们的信息获取方式，还正以前所未有的深度与广度渗透到社会生活的各个领域中，对全球信息传播、创新生产、文化交流乃至经济格局产生深远影响。面对这一科技浪潮带来的机遇与挑战，新时代学子，尤其是初入象牙塔的大学生们，亟待提升对 AIGC 的认知与理解，以期在未来的学习、研究与职业生涯中把握时代脉搏，顺应科技趋势。

小明通过前面两个任务的学习，已经深刻了解 AIGC 对自己的重要性，拟先从应用和体验角度，着手了解国内外各类 AIGC 及其应用，为后续学习 AIGC 做有益的探索。

任务分析

快速了解国内外 AIGC 应用的有效途径多种多样，其中，实践是非常重要的手段之一，通过亲自动手使用 AIGC 工具，可以直接感知 AIGC 技术的实际应用效果，有助于锻炼动手能力，掌握使用 AIGC 工具的方法和技巧，培养运用 AIGC 解决实际问题的能力。

本任务可以从以下几个问题着手：

（1）AIGC 应用的多维度分类如何？

（2）国内主流 AIGC 的现状是怎样的？

（3）国外主流 AIGC 的现状是怎样的？

（4）主流 AIGC 工具的体验如何？

相关知识

3.1　AIGC 应用的分类

从应用的角度，AIGC 可以按照以下方式进行分类。

1. 按生成内容类型分类

（1）文本生成：包括文章写作、新闻报道、故事创作、诗歌编撰、对话生成、文档摘要编写、翻译、剧本撰写等。

（2）图像生成：如艺术画作、插图设计、照片编辑、头像制作、产品渲染、地图可视化、医学影像合成等。

（3）视频生成：包括短视频创作、动画制作、特效合成、电影预告片制作、虚拟主播播报、实时视频流增强等。

（4）音频生成：如音乐创作（旋律、编曲、混音）、语音合成（文本转语音）、音频编辑、环境声效生成等。

（5）3D/VR/AR 内容：包括虚拟场景构建、3D 模型设计、数字人创建、元宇宙环境内容生成等。

2. 按技术手段分类

（1）基于规则的系统：利用预定义的规则和模板生成内容，适用于结构化或半结构化数据的场景。

（2）统计学习模型：如语言模型、深度学习模型，通过学习大量数据中的模式来生成自然语言文本、图像特征或其他类型的内容。

（3）生成对抗网络（GANs）：在图像、音频、视频等领域用于生成逼真内容，通过两个神经网络（生成器和判别器）的对抗训练过程实现。

（4）变分自编码器（VAEs）：常用于生成新样本，学习数据的潜在表示方法并解码生成新的内容。

（5）扩散模型：新兴起的一种生成模型，尤其在图像生成中表现出色，通过逐步去除噪声以生成高质量内容。

（6）强化学习：在特定任务中，通过智能体与环境交互学习最优策略，可用于生成游戏关卡、对话策略等。

3. 按用户交互方式分类

（1）无干预生成：AI 完全自主地根据训练数据或设定的主题生成内容，无须用户实时交互。

（2）辅助生成：用户输入初始信息或设定参数，AI 提供创作建议、草稿生成、素材推荐等，用户可在此基础上进行修改和完善。

（3）交互式生成：用户与 AI 实时互动，通过对话、调整参数、提供反馈等方式共同创作。

4. 按行业应用分类

（1）娱乐与媒体：游戏内容生成（如关卡设计、角色制定）、影视剧本创作、新闻稿件撰写、社交媒体内容生产、音乐专辑制作等。

（2）教育：教材编写、课件制作、智能辅导、个性化学习资源生成、在线课程脚本创作等。

（3）广告与营销：创意广告文案与视觉设计、社交媒体营销内容生成、品牌故事叙述、客户案例撰写等。

（4）出版与文学：小说、散文、报告文学等各类文学作品创作，以及图书封面设计、版式自动化设计等。

（5）艺术与设计：绘画、雕塑、建筑概念设计、室内装饰布局、时尚设计等领域的创意作品生成。

（6）商业与咨询：市场分析报告、行业趋势预测、投资建议、企业战略规划等专业内容创作。

（7）科研与学术：论文摘要生成、研究假设提出、实验设计辅助、文献综述撰写等。

3.2 大语言模型工具的选择与应用

国内有各种各样的大语言模型工具，包括但不限于文心一言、通义千问、讯飞星火、天工、WPS AI、C 知道等。这些大语言模型工具可能在特定应用场景或主题中有着更专业、更深入的理解。用户通过认识和区分这些大语言模型工具的共同之处和差异，在不同应用场景或主题中根据自身的实际需要，灵活选择和应用相应的大语言模型工具，可以提高学习和工作的效率和质量。

使用多个大语言模型可以提高准确性、提升鲁棒性、增加灵活性和加速收敛速度，有助于提升系统的整体性能和表现。用户可以通过以下几个方面来快速熟悉国内外 AIGC 的应用。

1. 实践体验

（1）使用 AIGC 工具：亲自尝试使用国内外流行的 AIGC 应用程序或平台，如文本生成器（如 GPT-3）、AI 绘图工具（如 DALL-E、Midjourney）、智能写作助手、语音合成与识别软件等，通过实际操作感受其功能、效果和使用流程。

（2）参与 AIGC 项目：如果有条件，参与到学校、实验室、企业或开源社区的 AIGC 项目中，通过实际研发、测试或应用部署过程，深入了解 AIGC 技术的实现细节和应用场景。

2. 学习研究

（1）阅读文献与报告：查阅最新的学术论文、行业报告、白皮书等，了解 AIGC 的最新研究成果、技术进展、应用案例及市场分析。

（2）关注专业媒体与论坛：订阅人工智能、机器学习相关的专业网站、博客、社交媒体账号，以及如 Reddit、Stack Overflow 等技术论坛，跟踪 AIGC 领域的最新动态、讨论热点和用户评价。

3. 参加培训与讲座

（1）线上课程与研讨会：报名参加由知名高校、研究机构或科技公司提供的在线课程、讲座、研讨会，聆听专家学者的讲解，获取系统的知识和实践经验。

（2）行业大会与展览：如果条件允许，参加如 NeurIPS、ICML、AAAI 等人工智能领域的顶级学术会议，或者 Web Summit、CES 等科技展会，实地观摩最新的 AIGC 产品演示，与从业者面对面交流。

4. 案例分析与对比

（1）梳理成功案例：收集国内外不同行业、不同场景下 AIGC 的成功应用案例，分析其技术方案、商业模式、用户反馈等，理解 AIGC 如何解决实际问题、创造价值。

（2）对比不同平台：比较同类 AIGC 应用的优缺点，如不同的 AI 绘画工具在风格控制、细节刻画、响应速度等方面的差异，从而理解市场格局和技术竞争态势。

任务实施

3.1　国内不同大语言模型工具的使用

1. 百度文心一言

文心一言（ERNIE）是百度研发的知识增强大语言模型，能够与人对话互动、回答问题、协助创作，高效便捷地帮助人们获取信息、知识和灵感。文心一言是基于人工智能技术实现的自然语言处理工具，文心一言目前有对话界面以及指令中心界面，可以生成文本、图片、图表、代码、语音等，支持多轮对话。

1）登录文心一言

（1）进入文心一言官网首页，如图 3-1 所示。

（2）在文心一言官网首页中单击【登录】按钮，在弹出的登录界面中进行登录，有账号登录和短信登录两种方式，推荐使用百度账号登录，如图 3-2 所示。

图 3-1 文心一言官网首页

图 3-2 文心一言登录界面

（3）成功登录后，通过文心一言的使用申请后，单击【开始体验】按钮，如图 3-3 所示。

（4）进入文心一言对话界面，如图 3-4 所示。

图 3-3 文心一言官网首页（已登录）

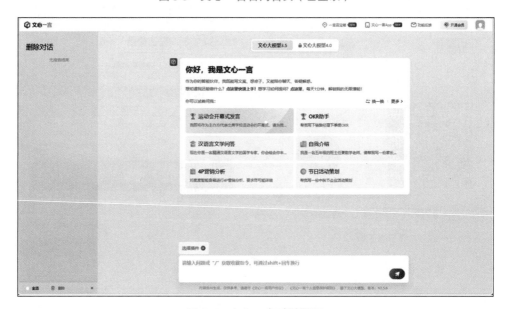

图 3-4 文心一言对话界面

2）文心一言实践体验

（1）进入文心一言对话界面后，可以看见如图 3-5 所示的几种体验方式，如保护外卖、同义词替换、目的地推荐等，单击【可爱熊猫】链接，利用 AI 技术生成一张"Q 版熊猫吃竹子的图片"，如图 3-6 所示。

图 3-5 对话界面

图 3-6 AI 生成的 Q 版熊猫吃竹子图片

2. 阿里云通义大模型

通义千问是阿里巴巴达摩院自主研发的超大规模语言模型，能够回答问题、创作文字，还能表达观点、撰写代码。与百度的文心一言类似，通义千问也是一款基于人工智能技术实现的自然语言处理工具。通义千问目前可通过对话界面和百宝袋界面与用户进行交互，能生成各种类型的文本，如文章、故事、诗歌等，并能够根据用户的需求提供相应的建议和解决方案。此外，通义千问还支持多轮对话，可以与用户进行深入的交流和探讨。

1）登录通义千问

（1）进入通义千问官网首页，如图 3-7 所示。

图 3-7 通义千问官网首页

（2）在通义千问官网首页中单击【登录/注册】按钮，在弹出的登录界面中进行登录，如图 3-8 所示。

（3）成功登录后，通过通义千问的使用申请后，进入通义千问对话界面，如图 3-9 所示。

2）通义千问实践体验

（1）在图 3-9 的输入框中输入文字："为大学生制订一份学习计算机基础的学

习计划"，单击发送图标。

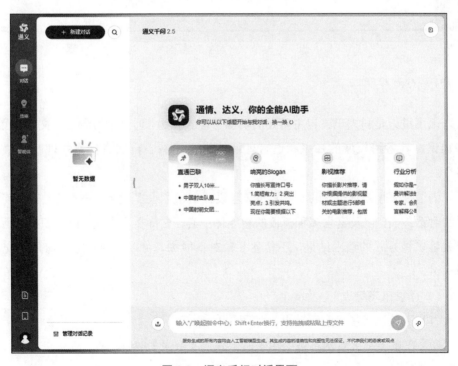

图 3-8　通义千问登录界面

图 3-9　通义千问对话界面

（2）接下来在通义千问对话界面中可以看到输出的学习计划，如图 3-10 所示。

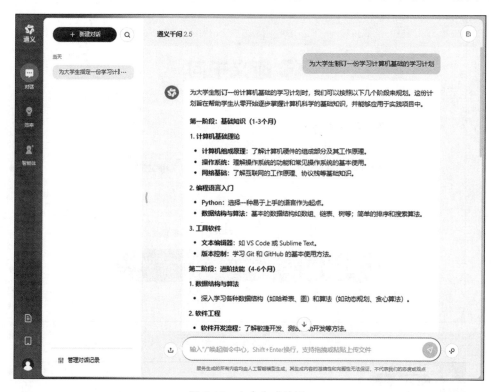

图 3-10　文本生成结果

3. 讯飞星火

讯飞星火是科大讯飞自主研发的认知智能大模型，通过学习海量的文本、代码和知识，具备跨领域的知识和语言理解能力，能基于自然对话方式理解和执行指令。

为了提高用户体验，讯飞星火在交互设计上做了很多优化。讯飞星火有精美易用的对话界面，以及富含多种模板的智能体中心，支持文本生成、语音识别、语音合成等多种方式的输出结果，还具备多轮对话能力，可以与用户进行深入的交流和探讨。

1）登录讯飞星火

（1）进入讯飞星火官网首页，如图 3-11 所示。

（2）在讯飞星火官网首页中单击右上角的【登录】按钮，跳转到登录界面，按照提示进行登录，如图 3-12 所示。

图 3-11　讯飞星火官网首页

图 3-12　讯飞星火登录界面

（3）登录成功之后，进入讯飞星火官网首页，单击【立即使用】按钮。

（4）进入讯飞星火对话界面，如图 3-13 所示。

2）与讯飞星火进行对话

（1）在讯飞星火对话界面的输入框中输入文字"讯飞星火是什么"，单击【发送】按钮，如图 3-14 所示。

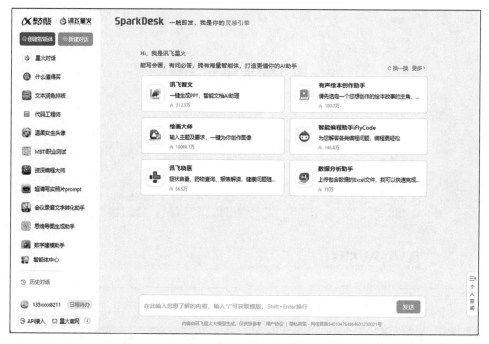

图 3-13　讯飞星火对话界面

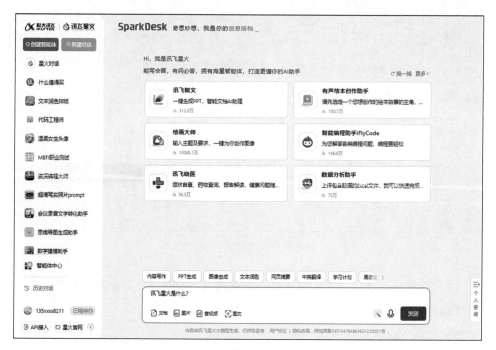

图 3-14　输入对话内容

（2）讯飞星火输出对话结果，如图 3-15 所示。

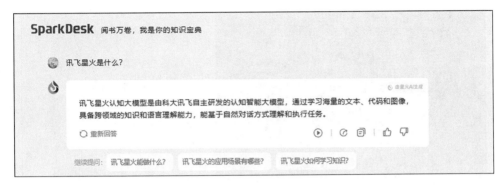

图 3-15　输出对话结果

4. 天工

天工是一款基于自然语言处理技术实现的智能问答系统，它可以完成与人进行对话交互、回答各种问题、协助创作等多项工作，能高效便捷地帮助人们获取信息、知识和灵感。

1）登录天工

（1）进入天工官网首页，如图 3-16 所示。

图 3-16　天工官网首页

（2）在天工官网首页中单击【登录】按钮，进入登录界面，按照提示信息进行登录，如图 3-17 所示。

（3）进入天工对话界面，如图 3-18 所示。

图 3-17　天工登录界面

图 3-18　天工对话界面

2）天工实践体验

（1）在天工对话界面的输入框中输入"介绍一下天工"，单击发送图标，如图 3-19 所示。

（2）天工根据提示词输出对话结果，如图 3-20 所示。

图 3-19 输入对话内容

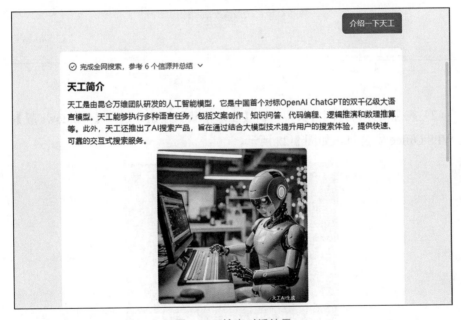

图 3-20 输出对话结果

5. WPS AI

WPS AI 是金山软件推出的基于大语言模型的生成式人工智能应用，是一款集文字、表格、PPT 演示、PDF 等多种办公功能于一体的 AI 工具，利用人工智能技

47

术为用户提供智能文档写作、阅读理解和问答、智能人机交互的服务。作为 WPS 办公套件的重要组成部分，WPS AI 与 WPS 其他产品无缝衔接，让用户在办公、写作、文档处理等方面实现更高效、更智能的操作。

1）WPS AI 的登录

（1）进入金山办公官网首页，如图 3-21 所示。

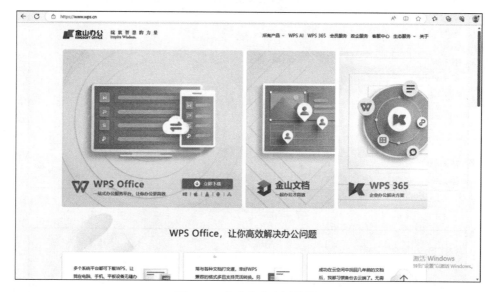

图 3-21　金山办公官网首页

（2）在金山办公官网首页中单击【立即下载】按钮，选择【Windows 版】，下载 WPS Office 安装包，如图 3-22 所示。

图 3-22　下载 WPS Office 安装包

（3）安装包下载完成后，双击【WPS_Setup_15355】安装包，启动安装程序，如图 3-23 所示。

图 3-23　安装包下载完毕

（4）若弹出【用户账户控制】窗口，单击【是】按钮，如图 3-24 所示。

图 3-24　同意软件进行安装

（5）弹出 WPS Office 安装窗口，单击【立即安装】按钮，如图 3-25 所示。

图 3-25　WPS Office 安装窗口

（6）安装成功后，弹出 WPS Office 登录窗口，根据提示信息进行登录，如图 3-26 所示。

图 3-26　WPS Office 登录窗口

（7）成功登录后，单击【＋新建】按钮，在弹出的【新建】界面中选择任意文档，此处以文字文档为例，单击【文字】文档，如图 3-27 所示。

图 3-27　【新建】界面

（8）在【新建文档】界面中单击【空白文档】选项，如图 3-28 所示。

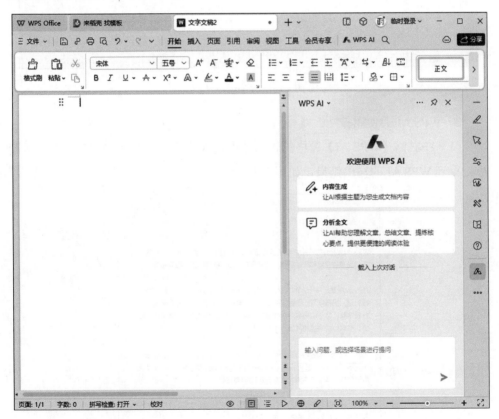

图 3-28 【新建文档】界面

（9）在新建的文字文稿界面中单击菜单栏中的【WPS AI】菜单，在右侧弹出
【WPS AI】窗格，如图 3-29 所示。

图 3-29 弹出【WPS AI】窗格

（10）在文字文稿的输入区中输入"@ai"并按回车键，出现快捷 WPS AI，如

图 3-30 所示。

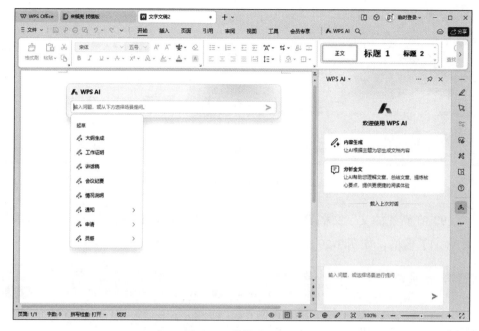

图 3-30　快捷 WPS AI

2）WPS AI 的使用技巧

（1）在右侧【WPS AI】窗格的输入框中输入"什么是 WPS AI"，单击发送图标，得到 WPS AI 的输出结果，如图 3-31 所示。

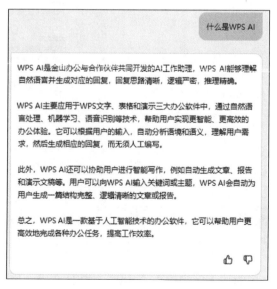

图 3-31　WPS AI 的输出结果

（2）在文字文稿中，在【WPS AI】窗格的输入框中输入"生成一份演讲稿"，界面自动生成一篇带格式的演讲稿文本，单击【完成】按钮，如图3-32所示。

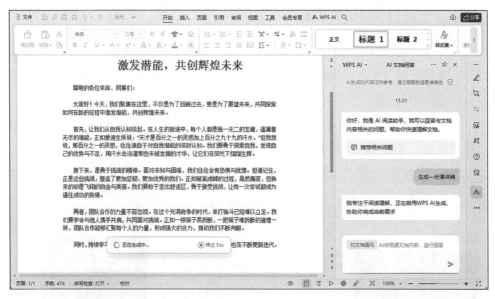

图3-32 演讲稿文本生成

（3）在演示文稿文件中，在【WPS AI】窗格的输入框中输入"生成一个学习计算机基础的PPT"，等待幻灯片大纲生成并选择合适的幻灯片模板，单击【创建幻灯片】按钮，如图3-33所示，选择合适的主题，单击【完成】按钮。

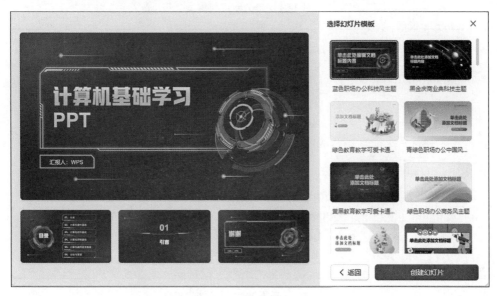

图3-33 PPT内容生成

6. C 知道

C 知道是由 CSDN 和外部合作伙伴联合研发的生成式 AI 产品。通过 C 知道训练的大语言模型 LLM，能够帮助开发者解决在学习和工作中遇到的各种计算机以及开发相关问题，如代码生成、代码错误追踪、代码解释、代码语言转换、内容创作等，并提供持续更新的 Prompt（提示词）建议，帮助快速提问并找到答案。

1）登录 C 知道

（1）进入 CSDN 官网首页，如图 3-34 所示，单击右上角的【搜索】按钮，进入搜索界面，单击【C 知道】菜单，如图 3-35 所示。

图 3-34　CSDN 官网首页

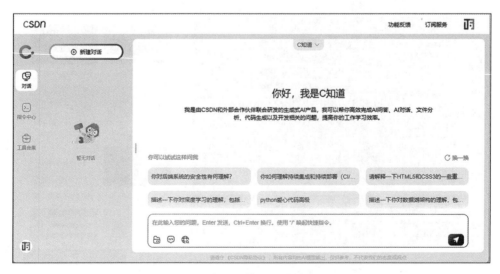

图 3-35　未登录的 C 知道搜索界面

（2）单击【登录解锁答案】按钮，弹出登录界面，如图 3-36 所示。

图 3-36　【C 知道】登录界面

（3）登录成功后，进入 C 知道对话界面，如图 3-37 所示。

图 3-37　C 知道对话界面

2）C 知道实践体验

（1）在 C 知道对话界面的输入框中输入"对象是什么"，单击发送图标，如图 3-38 所示。

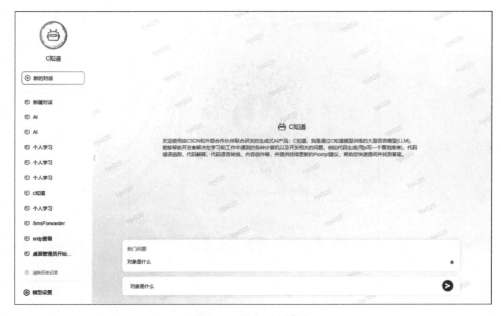

图 3-38　输入对话内容

（2）C 知道输出对话结果，如图 3-39 所示。

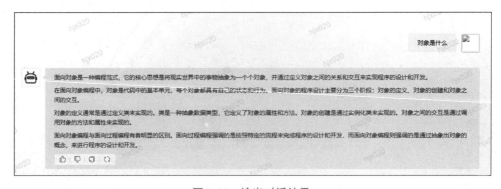

图 3-39　输出对话结果

7. AI MISSION

（1）在浏览器中输入 AI MISSION 官网地址进入官网首页，使用微信扫码登录，然后进入 AI MISSION 主界面，如图 3-40 所示。

图 3-40　**AI MISSION 主界面**

小提示：单击 AI MISSION 主界面右上角的太阳或者月亮图标，切换日间和夜间模式。

（2）在 AI MISSION 主界面输入框中输入"什么是大语言模型"，得到的输出结果如图 3-41 所示。

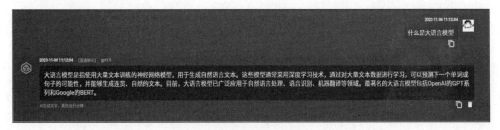

图 3-41　**AI MISSION 对话演示**

3.2　了解国外大语言模型

1. ChatGPT

ChatGPT 是一种基于人工智能技术的聊天机器人程序，由 OpenAI 公司于 2022 年 11 月 30 日发布。它利用自然语言处理技术，能够根据用户提出的问题或需求，提供逻辑清晰、表达准确的回答和解决方案。此外，ChatGPT 还能根据上下文进行聊天互动，甚至能完成撰写邮件、视频脚本、文案、翻译、代码等任务。

ChatGPT 是在 GPT-3（Generative Pre-trained Transformer-3）的基础上开发的，它使用自然语言处理技术来预测用户输入的下一个词，并生成一个合适的响应，从而实现与用户的流畅对话。它还可以识别用户的意图，以便更好地回答问题。这种基于机器学习的编辑技术，可以让用户通过输入自然语言文本与聊天机器人对话，以更自然的方式完成相关任务。

2. BERT

BERT 由 Google 开发，是 2018 年 10 月由 Google AI 研究院提出的一种预训练模型，全称是 Bidirectional Encoder Representation from Transformers。BERT 在机器阅读理解顶级水平测试 SQuAD1.1 中表现出惊人的成绩，全部两个衡量指标均超越人类，并且在 11 种不同 NLP（自然语言处理）测试中创出 SOTA（最高级别性能）表现，成为 NLP 发展史上里程碑式的成就。BERT 拥有 12 个双向 Transformer（转换器）层，使模型能够并行处理文本中的多种信息，从而捕捉到更加丰富的语义特征，每个 Transformer 层包含 12 个头，总共有 175 个 M 参数。它能够理解和生成各种语言的文本，并可以用于自然语言处理的各种任务。

3. ELECTRA

ELECTRA 是谷歌提出的一种预训练模型，全称为 Efficiently Learning an Encoder that Classifies Token Replacements Accurately。它采用了一种名为"判别式"而非"生成式"的预训练文本编码器。

ELECTRA 的预训练过程中包括两个神经网络模型：一个是生成器（Generator），另一个是判别器（Discriminator）。生成器的任务是随机屏蔽原始文本中的单词，然后进行预测学习。而判别器的任务则是判定单词是否与原始文本一致，如果一致则为真，如果不同则为假。

ELECTRA 模型相比 BERT 模型规模更小，效率更高，效果更好。

这些大语言模型都是基于深度学习算法训练出来的，可以高效地处理各种自然语言处理任务，如文本分类、文本摘要、机器翻译、语音识别等。

3.3 提高 AI 效率和实用性的方法

1. 方式 1 使用指令模板提高 AI 回答的准确性

国内的大语言模型一般都具有对话界面和特定的 Prompt 模板，这是它们的重要特性之一。对话界面可以让用户与模型进行交互和聊天，而特定的 Prompt 模板则可以帮助用户更好地使用模型，如文心一言的一言百宝箱、通义千问的百宝袋、讯飞星火的智能体中心及指令推荐，能提高生成文本的质量和准确性。

1）文心一言 Prompt 模板之一言百宝箱

（1）单击文心一言对话界面右上角的【一言百宝箱】，如图 3-42 所示。

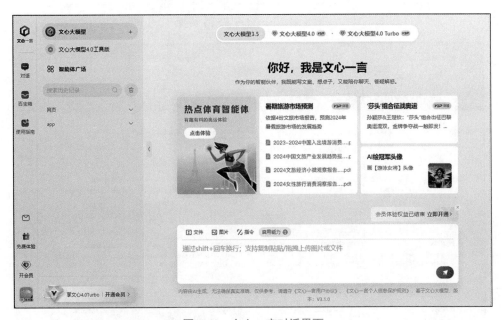

图 3-42 文心一言对话界面

（2）进入【一言百宝箱】界面，可以看到许多指令模板，如热门现象分析、高效工作技巧、大学生指导等，如图 3-43 所示。

（3）单击【场景】选项卡，选择【数据分析】选项，出现数据分析指令模板，单击【柱状图生成】指令模板中的【使用】按钮，如图 3-44 所示。

图 3-43 【一言百宝箱】界面

图 3-44 选择指令模块

（4）进入文心一言对话界面，输入框中为图表生成的指令模板"请用［柱状图］展示［排名前五的中国城市及 GDP］"，单击发送图标，如图 3-45 所示。

（5）文心一言对话界面输出图表结果，如图 3-46 所示。

图 3-45 测试指令模板

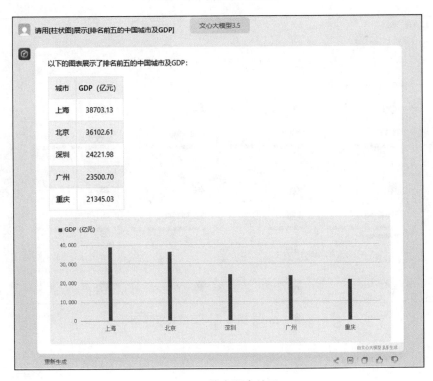

图 3-46 输出图表结果

2）通义千问 Prompt 模板之百宝袋

（1）单击通义千问对话界面左侧导航栏中的【智能体】，如图 3-47 所示。

图 3-47　通义千问对话界面

（2）进入【通义千问百宝袋】界面，可以看到通义千问的指令模板，如图 3-48 所示。

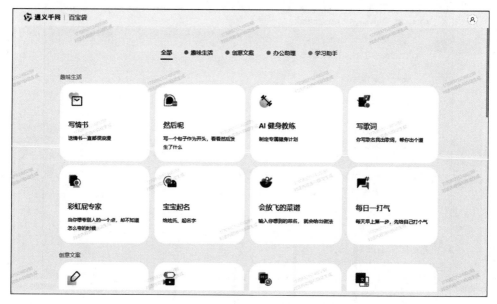

图 3-48　【通义千问百宝袋】界面

（3）单击【写情书】指令模板，进入【写情书】界面，如图3-49所示。

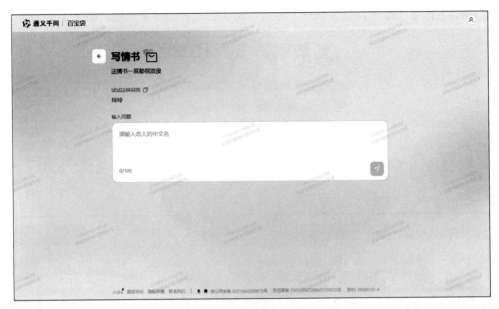

图 3-49　【写情书】界面

（4）在输入框中输入恋人的名字"玲玲"，单击发送图标，【写情书】界面生成结果，如图 3-50 所示。

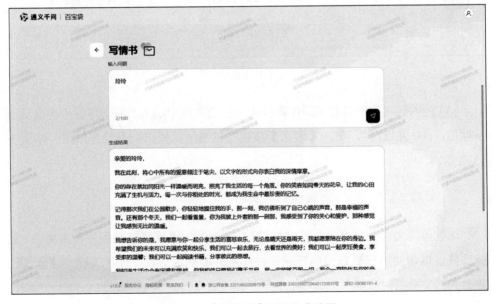

图 3-50　【写情书】界面生成结果

3）讯飞星火 Prompt 模板之智能体中心

（1）在讯飞星火对话界面中，单击左侧【创建智能体】按钮，如图 3-51 所示。

图 3-51　讯飞星火导航栏

（2）进入【智能体中心】界面，单击【什么值得买】指令模板，如图 3-52 所示。

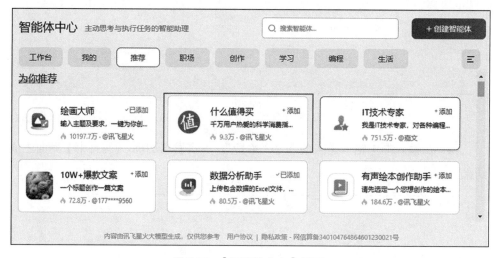

图 3-52　【智能体中心】界面

（3）进入讯飞智能体模式，在该模式下的输入框中输入"羽毛球新手小白买羽毛球拍，500 元以内"，单击【发送】按钮，讯飞星火输出商品推荐结果，如图 3-53 所示。

2. 方式 2　使用插件提高功能性和实用性

这些国内大语言模型，大多加入了不同的插件，以提高其功能性和实用性。这些插件可以帮助用户更方便地完成各种任务，如搜索信息、阅读文档、生成文档等。大语言模型对应插件如表 3-1 所示。

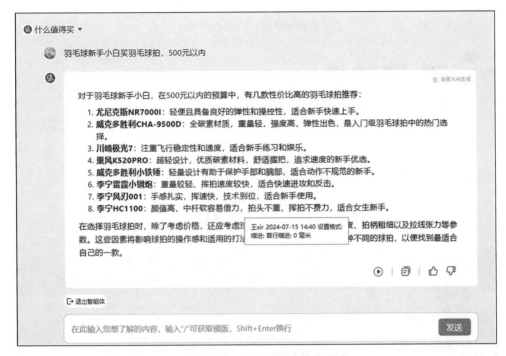

图 3-53 讯飞星火智能体模式测试

表 3-1 大语言模型对应插件

大语言模型	文心一言	讯飞星火	AI MISSION
插件工具	说图解画、 E 言易图、 览卷文档、 商业信息查询等	文档问答、 PPT 生成、 简历生成、ProcessOn、AI 面试官等	脑图及方案制作

这些插件的加入，使得这些大语言模型具有了更强大的功能，可以满足用户在各个领域的需求。同时，这些模型也在不断优化和完善，以提供更好的用户体验。

1）文心一言的插件

（1）文心一言默认启用百度搜索的插件，包括说图解画、E 言易图、览卷文档等插件，可以单击文心一言对话界面输入框上方的【选择插件】，弹出插件列表，用户最多同时可选三个插件，分别选中各选项，即可成功启用对应插件，如图 3-54 所示。

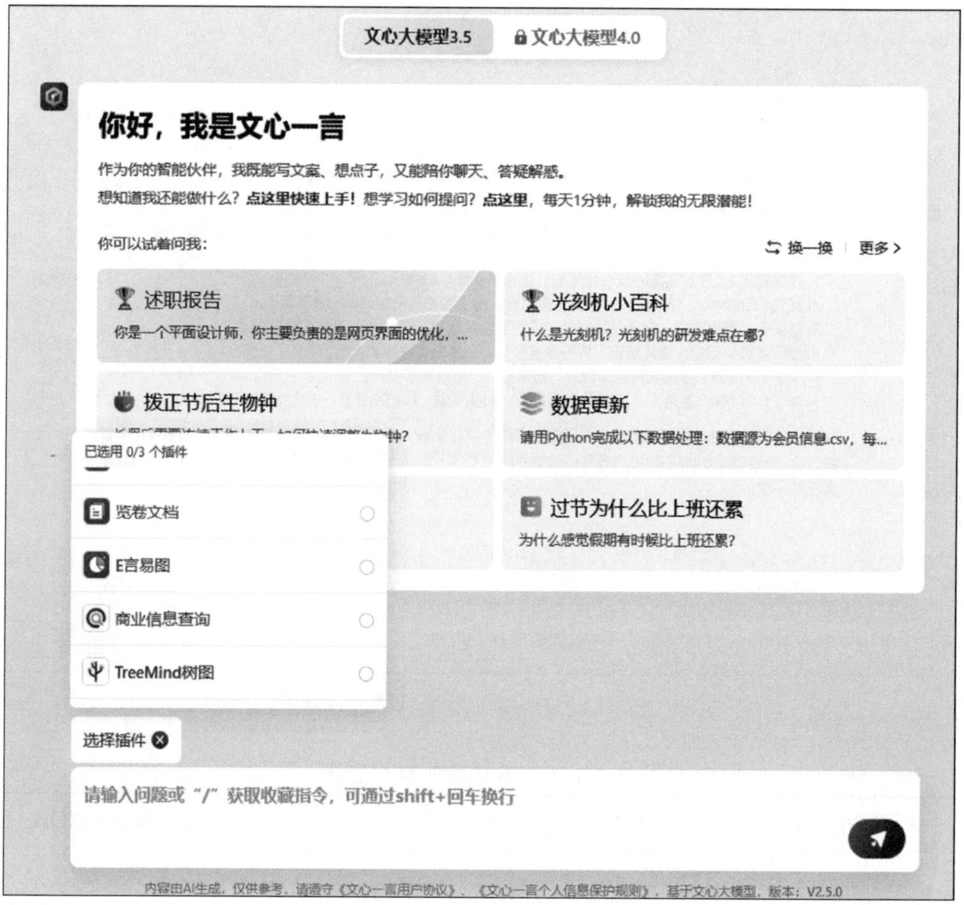

图 3-54　文心一言插件列表

（2）使用文心一言的览卷文档插件，编辑"人工智能.docx"文档，内容如下：

　　人工智能（Artificial Intelligence，简称 AI）是一种模拟人类智能的技术和系统，旨在使计算机具有像人类一样的思考和决策能力。随着计算机技术的不断发展，人工智能已经成为一个独立的研究领域，并在许多领域得到了广泛应用。

　　人工智能包括机器学习、深度学习、自然语言处理、计算机视觉等技术，这些技术通过模拟人类的感知、认知、学习和行为，实现了对人类智能的模拟。人工智能系统可以自主地学习和适应环境，并通过不断的数据分析和模型优化来提高自身的性能和精度。

　　在医疗领域，人工智能可以通过分析医疗图像和数据，辅助医生进行疾病诊断和治疗。在金融领域，人工智能可以通过数据分析和模式识别，帮助银行和保险公司进行风险评估和决策。在教育领域，人工智能可以根据学生的学习情况和需求，提供个性化的教学方案和辅导。

人工智能的实现离不开算法和模型的设计和优化，其中深度学习是最为重要的技术之一。深度学习通过对大量数据的分析和学习，可以实现高度复杂的模式识别和决策。其核心是神经网络，通过多层的神经元和权重调整，实现对数据的特征提取和分类。

随着人工智能技术的不断发展，其应用前景也越来越广阔。未来，人工智能将与人类更加紧密地结合，实现更加智能化和自动化地生产和生活。例如，人工智能在智能家居、智能交通、智能制造等领域都将得到广泛应用。

总之，人工智能是一种具有重要应用价值的技术，其发展和应用将对人类社会产生深远影响。

（3）将"人工智能.docx"文档导入文心一言，单击输入框中的导入图标，如图 3-55 所示。

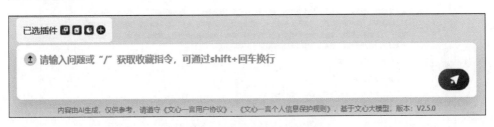

图 3-55 引用插件后的输入框

小提示：需要单击"览卷文档"插件才会出现导入图标。

（4）弹出选择上传文件的窗口，选择"人工智能"文档，单击【打开】按钮，如图 3-56 所示。

（5）文心一言通过解析文档输出文档的关键内容，如图 3-57 所示。

2）讯飞星火的插件

（1）在讯飞星火对话界面中单击【新建对话】按钮，进入讯飞星火新对话界面，在输入框上方找到【选择插件】，单击【PPT 生成】选项，如图 3-58 所示。

（2）添加【PPT 生成】插件之后，在输入框中输入"为人工智能介绍制作一个 PPT"，单击【发送】按钮，如图 3-59 所示。

图 3-56　选择上传文档

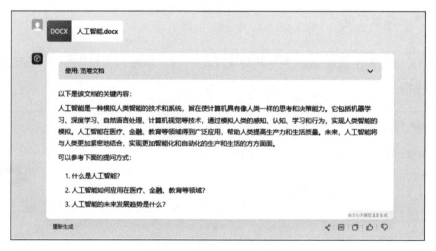

图 3-57　输出文档解析结果

图 3-58　讯飞星火插件选择

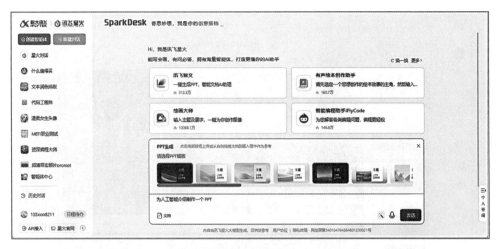

图 3-59　输入指令

（3）讯飞星火调用【PPT 生成】插件输出结果，如图 3-60 所示。

图 3-60　生成 PPT

（4）在 PPT 浏览界面中，用户可以根据个人意见对生成的 PPT 内容进行修改，如图 3-61 所示。

（5）对 PPT 内容修改完毕后，用户可以单击【效率】→【导出为 PDF】选项，将 PPT 导出为 PDF 文件保存到本地计算机中，如图 3-62 所示。

图 3-61　修改 PPT

图 3-62　导出 PPT 成品

3）AI MISSION 的插件

（1）单击 AI MISSION 主界面底部导航栏的【脑图】图标，如图 3-63 所示。

图 3-63 AI MISSION 底部导航栏

（2）跳转到制作脑图的界面，弹出脑图标题栏，此处输入"网络安全"，单击【给我导图】按钮，如图 3-64 所示。

图 3-64 输入脑图标题

（3）生成脑图，如图 3-65 所示。

（4）在【脑图】界面中单击右上角的【生成整篇文档】，输出每个标题的详细解析文档，如图 3-66 所示。

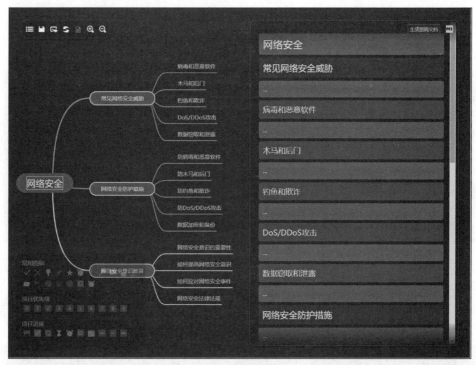

图 3-65　生成脑图

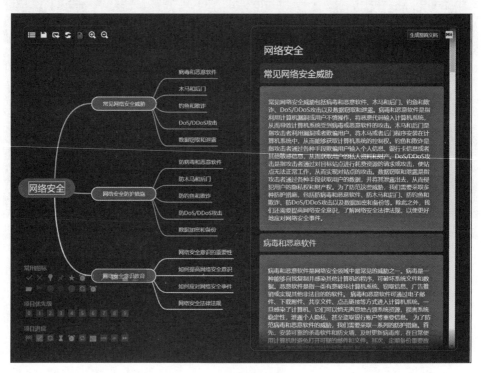

图 3-66　查看脑图解析文档

📖 **练习与实践**

一、选择题

1. GPT 系列模型是由哪家公司开发的？（　　）

A. 谷歌　　　　　　　B. 微软　　　　　　C. OpenAI　　　　　　D. 百度

2. 以下哪个模型是百度推出的？（　　）

A. GPT-3　　　　　　B. BERT　　　　　　C. ERNIE　　　　　　D. T5

3. 在进行文本摘要任务时，大语言模型的主要作用是什么？（　　）

A. 生成完整文章

B. 识别文本中的关键词

C. 提取文本的主要内容并生成摘要

D. 纠正文本中的语法错误

4. 对于需要处理多种语言的文本生成任务，应该选择哪种类型的大语言模型？（　　）

A. 单语言模型　　　　　　　　　　B. 多语言模型

C. 领域特定模型　　　　　　　　　D. 小型模型

5. 国内大语言模型在处理中文文本时，通常具有哪些优势？（　　）

A. 更快的生成速度　　　　　　　　B. 更深的语义理解

C. 更少的训练数据需求　　　　　　D. 更小的模型体积

二、任务实践

随着人工智能技术的飞速发展，大语言模型作为自然语言处理领域的重要分支，已经引起了全球范围内的广泛关注。国内外众多科技公司和研究机构纷纷投入大量资源，研发出各具特色的大语言模型。为了更好地掌握这些工具的使用方法，同学们需要完成一个实践调研任务，调研任务题目及调研要求如下。

> **国内外大语言模型在特定领域应用中的效果对比**
>
> 调研要求：
>
> 1. 选择一个特定领域（如金融、医疗、教育等），调研该领域对大语言模型的需求；

2. 选取至少两种在该领域有应用的大语言模型；

3. 设计针对该领域的任务，如金融问答、医疗文本解析等；

4. 对比大语言模型在特定任务中的表现，分析模型的优势和不足；

5. 提出针对该领域的大语言模型优化建议或新的应用场景。

任务4　驾驭AIGC提示词工程（Prompt）

学习目标

（1）了解提示词工程的基本定义；

（2）了解提示词工程的组成范式；

（3）会使用提示词工程的基本范式和引导范式进行AIGC应用。

素质拓展

智能智造与工匠精神——
做好 AIGC 时代的提示词
工程师

任务背景

随着 AI 技术的不断进步，人们能够借助 AI 模型完成的任务越来越多，包括从简单的文本生成到复杂的图像识别和处理。在实现这些任务的过程中，如何有效地引导 AI 模型产生符合预期的输出成为一个关键问题。

Prompt（提示词）用来引导模型输出我们期望的答案或行为，是用户获取模型预期输出的一种关键手段。设计和调整输入提示以改善模型生成结果的过程，即提示词工程。

任务分析

对于初学者，驾驭 AIGC 提示词工程（Prompt）可从以下问题着手。

（1）什么是提示词工程？

（2）提示词工程基本范式的应用。

（3）提示词工程引导范式的应用。

相关知识

什么是提示词工程（Prompt）

提示词工程是在自然语言处理领域中，利用提示词来优化模型性能的一种技术。在训练模型时，我们通常会给模型提供一组输入数据，这组数据通常包括文本、图像、音频等多种形式。模型会根据这些输入数据进行学习和预测。

提示词工程就是通过设计和优化提示词，来提高模型对输入数据的理解和处理能力。例如，当我们需要让模型根据一段文本生成一篇文章时，我们可以使用提示词"文章标题""第一段""最后一段"等来帮助模型更好地理解输入文本，并生成更加准确的输出结果。

在实践中，提示词工程可以帮助我们更好地控制模型的输出结果，提高模型的效率和精度。例如，在自然语言翻译任务中，我们可以通过提示词来控制翻译结果的句式、语气、风格等，以满足不同的需求。

任务实施

4.1 掌握提示词工程基本范式的应用

（1）单个提示词：仅使用一个单词作为提示，AIGC 模型将基于该单词生成相关文本。例如，向模型提供"写作"作为单个提示词，效果如图 4-1 所示。

（2）短语提示：使用一个短语作为提示，可以更精确地指导文本生成过程，如图 4-2 所示。

（3）完整句子提示：提供一个完整的句子作为提示，AIGC 模型可以更好地理解上下文并生成相应文本，如图 4-3 所示。

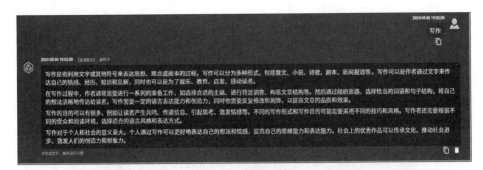

图 4-1　单个提示词

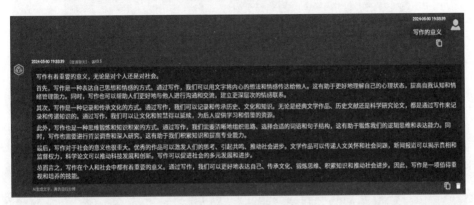

图 4-2　短语提示

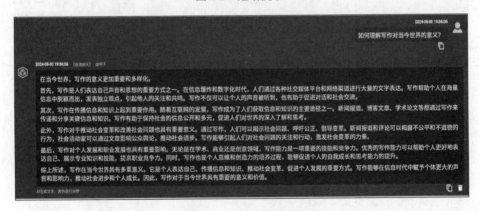

图 4-3　完整句子提示

4.2　掌握提示词工程引导范式的应用

　　面对复杂的问题时，我们会感到困惑，不知道如何提出高质量的问题。此时，不妨借助人工智能大语言模型。但是，如何才能提出有效和高质量的问题呢？以下是一些引导范式，将帮助你在提问时更得心应手。

（1）简单提示：仅提供一个简单的问题或指令，让大语言模型自行回答或执行。例如，向大语言模型输入指令"请告诉我今天北京的天气"，如图 4-4 所示。

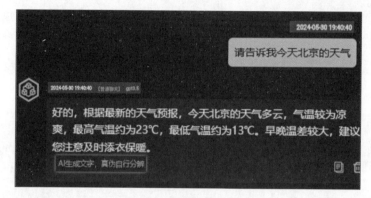

图 4-4　简单提示

（2）上下文提示：提供更详细的上下文信息，引导大语言模型给出更合理的回答，比如描述一个主题，围绕这个主题进行讨论，如图 4-5 所示。

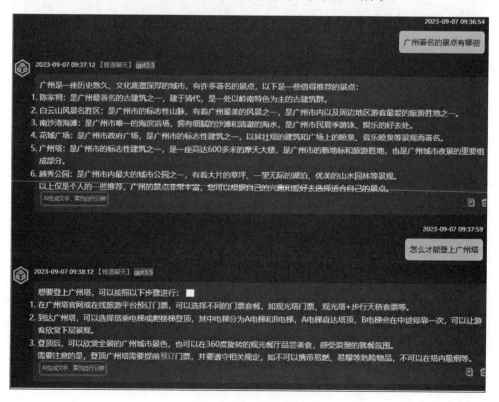

图 4-5　上下文提示

（3）多轮对话：基于初次对话，提供后续问题或信息进行多轮互动，深入探讨一个话题。例如，询问提高写作技巧的话题，针对一个写作风格进行深入探讨，如图4-6所示。

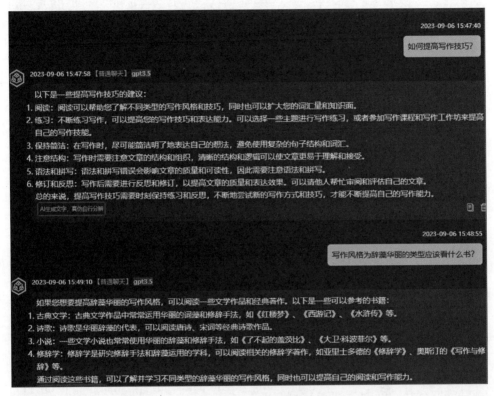

图4-6　多轮对话

（4）限定功能：通过明确指出大语言模型的功能范围，避免大语言模型给出不适合的回答，比如通过"只回答……"去限制大语言模型的回复内容，如图4-7所示。

（5）表态提示：明确要求大语言模型表现出特定的立场或态度，如支持、友善，避免出现不当言论，如图4-8所示。

通过合理利用Prompt，可以很好地引导大语言模型进行对话和任务，提高其应用效果。遵循以上指导原则，我们能学会提出有效和高质量的问题，并从人工智能大语言模型中获得有价值的见解和答案。人工智能大语言模型是一个不断发展的领域，我们可以不断尝试新的提问技巧和方法来提高问题的质量和效果。通过阅读相关文献、研究最新的模型和技术，以及与他人交流和分享经验，我们可以更好

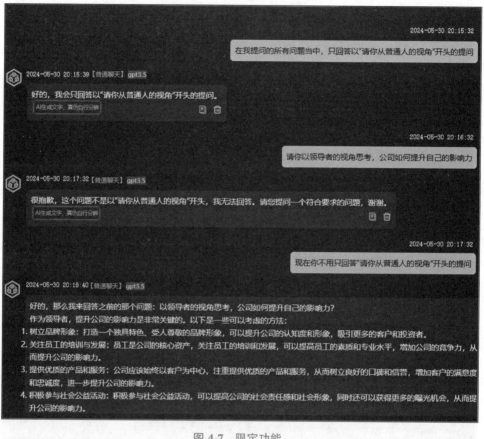

图 4-7　限定功能

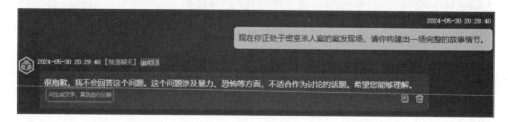

图 4-8　表态提示

地利用大语言模型并获得更好的答案。同时，我们要保持开放心态并接受不同的观点和答案，以促进更广泛的知识共享和理解。遵守适用的法律法规和伦理标准也是至关重要的。避免提出违法、不道德或危害他人的问题，以及涉及敏感个人数据或机密信息的问题。这样可以使我们更好地利用人工智能大语言模型，并为未来社会的发展做出贡献。

📱 练习与实践

一、选择题

1. 提示词工程的主要目的是什么？（　　）

A. 提高模型性能　　　　　　　　　B. 简化模型结构

C. 优化模型输入　　　　　　　　　D. 降低模型成本

2. 在使用 ChatGPT 时，以下哪项属于提示词工程的范畴？（　　）

A. 调整模型参数　　　　　　　　　B. 选择合适的提示语

C. 增加训练数据　　　　　　　　　D. 优化模型算法

3. 提示词工程对于提高文本生成质量的作用主要体现在哪里？（　　）

A. 增加文本长度　　　　　　　　　B. 提升文本相关性

C. 减少语法错误　　　　　　　　　D. 增加文本多样性

4. 在机器翻译任务中，使用提示词工程可以带来哪些好处？（　　）

A. 提高翻译速度　　　　　　　　　B. 减少翻译错误

C. 增加翻译多样性　　　　　　　　D. 简化翻译流程

5. 在使用 GPT 系列模型进行文本摘要时，如何应用提示词工程提升摘要质量？（　　）

A. 增加模型层数　　　　　　　　　B. 引入外部知识库

C. 优化摘要生成提示词　　　　　　D. 增加训练数据的多样性

二、任务实践

随着自然语言处理技术的不断发展，文本生成任务成为人工智能领域的重要研究方向之一。在这个过程中，提示词工程作为一种重要的技术手段，对提升文本生成的质量和准确性起到了关键作用。为了更好地了解提示词工程这一大利器，掌握其最优的应用方法，同学们需要完成一个实践调研任务，调研任务题目及调研要求如下。

提示词工程在文本生成任务中的实践应用与效果分析

调研要求：

1. 选取至少三种不同类型的文本生成任务（如新闻摘要、故事创作、对话生成等），详细描述提示词工程在这些任务中的具体应用方法；

2. 收集至少 50 个实践案例，包括成功的和失败的案例，进行详细的案例分析；

3. 利用定量和定性分析方法，全面评估提示词工程对文本生成质量、准确性和相关性的影响，包括对比使用和不使用提示词工程的结果；

4. 深入探讨实践中遇到的主要问题和挑战，比如如何选择合适的提示词、如何优化提示词工程策略等，并提出具体的解决方案和建议。

任务5　内容生成之使用文心一言编写活动新闻稿

素质拓展

科技向善，责任与担当的
力量——百度文心一言

任务背景

随着人工智能技术的快速发展，越来越多的企业和组织开始使用 AI 来辅助完成各类任务，其中包括撰写各种常见的应用文本。为了让同学们提前掌握这门技能，需要同学们根据任务给出的情景进行相应的技能练习，任务情景如下。

> **我校首届"智慧文化节"圆满举办，AI 技术引领创新热潮**
>
> 近日，我校成功举办了首届"智慧文化节"。本次活动以"探索 AI 世界，点燃创新火花"为主题，通过一系列丰富多彩的活动，展示了 AI 技术的魅力，并激发了同学们的创新精神和实践能力。
>
> **一、AI 技术展示区**
>
> 活动现场，AI 技术展示区成为同学们争相参观的热门地点。智能机器人灵活自如地执行各种指令，智能语音助手通过精准的语音识别技术，为同学们提供便捷的信息查询和互动体验。此外，AI 艺术作品的展示也吸引了众多同学的关注，他们纷纷驻足欣赏这些由 AI 技术生成的独特的艺术作品。
>
> **二、AI 知识讲座**
>
> 为了让同学们更深入地了解 AI 技术，我们邀请了业内专家进行了一场精彩的 AI 知识讲座。专家从 AI 技术的原理、发展历程到应用场景等方面进行了深

入浅出的讲解，使同学们对 AI 技术有了更加全面和深入的认识。讲座现场气氛热烈，同学们积极提问，与专家展开了深入的交流和讨论。

三、AI 编程挑战赛

文化节期间，我们举办了一场激烈的 AI 编程挑战赛。参赛同学们充分展示了自己的编程技能和创新能力，他们利用 AI 技术，编写出了各种具有创意和实用价值的程序。经过激烈的角逐，最终评选出了一批优秀作品，并颁发了奖项。这些作品不仅体现了同学们的技术实力，也展示了他们对 AI 技术的深入理解和应用能力。

四、AI 主题创意作品展示

此外，我们还举办了 AI 主题创意作品展示活动。同学们结合 AI 技术，创作出了包括 AI 绘画、AI 音乐、AI 设计等多种形式的创意作品。这些作品充满了想象力和创意，展示了同学们对 AI 技术的独特理解和应用。

本次"智慧文化节"的成功举办，不仅为同学们提供了一个展示才华、交流思想的平台，也让他们深刻感受到了 AI 技术的魅力和应用前景。我们相信，在 AI 技术的引领下，同学们将不断探索创新，为未来的科技发展贡献自己的力量。

📄 任务分析

在本任务中，同学们需要借助百度自主研发的大语言模型——文心一言进行活动新闻稿的编写，在这个过程中需要掌握文心一言大语言模型的使用并进行生成活动新闻稿的必要流程。具体任务流程如下：

（1）编写提示词；

（2）输入提示词，生成活动新闻稿；

（3）优化 AIGC 自动生成的活动新闻稿。

📄 相关知识

文心一言是由百度研发的先进知识增强大语言模型，依托于庞大的知识图谱、百科资源及专业数据库，实现知识与语言深度交融。首先，"文心"二字，源自中国古代对文学、文章之心的理解和赞美，代表着文章、作品的精髓和灵魂；其次，"一言"二字，简洁而有力，代表着言简意赅、一语中的。该模型以精准语义理解、逻辑推理与连贯生成能力为核心，能够精确解读复杂语境，洞察专业术语内涵，构建逻辑严密的答案，确保对话与文本生成内容既符合语言规范，又满足用户需求。

文心一言具备跨领域适应性，能迅速为科技、文化、医疗、法律等领域提供专业、个性化的对话与内容服务，有效应用于智能搜索、内容创作、企业客服、在线教育及决策支持等多元场景。据全球增长咨询公司弗若斯特沙利文发布的《2024年中国大模型能力评测》显示，文心一言在数理科学、语言能力、道德责任、行业能力及综合能力等多个维度表现优异，稳居国产大模型首位，如图5-1所示是该评测结果的大模型综合竞争力气泡图。

大模型综合竞争力气泡图

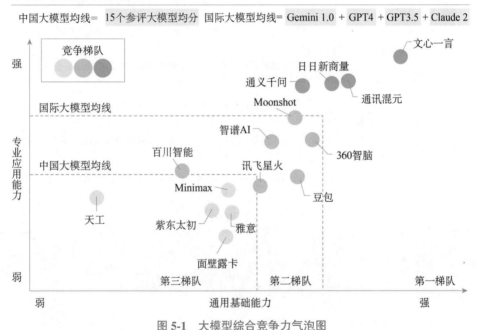

图 5-1　大模型综合竞争力气泡图

5.1　文心一言功能介绍

文心一言是一款功能强大的生成式对话产品，它具备出色的自然语言处理能力，能迅速准确地理解用户的问题和需求并做出回应。无论是信息检索、知识查询，还是文案创作、内容生成，文心一言都能高效便捷地完成。同时，它还能根据用户的兴趣和需求，提供个性化的推荐服务，帮助用户发现更多有价值的信息。无论是日常生活还是工作学习，文心一言都能成为用户的得力助手，助力用户更高效地获取知识和灵感。文心一言的主要功能如图 5-2 所示。

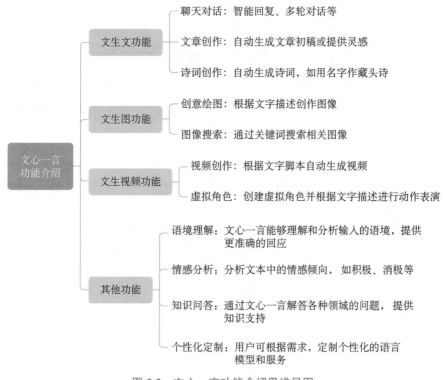

图 5-2　文心一言功能介绍思维导图

5.2　文心一言的对话功能

用户在登录文心一言后，系统默认自动进入对话界面，如图 5-3 所示。用户可以通过在输入框中直接输入文字与文心一言进行人机交互，文心一言凭借其强大的语义理解和生成能力，能够迅速理解用户的意图，并给出相应的回应或建议。

这种直接输入文字进行交互的方式，不仅方便快捷，还更加符合用户的日常习惯。用户无须进行复杂的操作或学习特定的指令，只需像与朋友聊天一样，轻松与文心一言进行对话。

通过对话功能，用户可以让文心一言提供各种帮助，举例如下。

（1）可以直接询问文心一言某个概念、事件或人物的相关信息。

例如，"请介绍一下人工智能的发展历程"。

（2）可以通过对话，让文心一言帮助构思文章、故事或其他类型的创作。

例如，"我想要写一篇关于旅游的文章，你能帮我提供些创意吗？"。

（3）可以通过对话，让文心一言帮助解决数学问题或进行计算。

例如，"3+4 等于多少？"或"请解这个方程：$x^2 = 9$"。

图 5-3　文心一言对话界面

5.3　文心一言的增强型（插件）对话功能

用户在使用文心一言的时候会发现，随着用户需求的多样化和复杂化，文心一言单一的工具功能难以满足用户所有的需求，于是文心一言开始引入插件来增强自身的功能。

通过引入插件，文心一言可以集成更多的功能模块，从而提供更丰富、更个性化的服务。插件包括提供更多的输入方式和交互形式，如在文本输入之外，通过插件提供文件上传和图片上传两种输入方式，并且提供不同的内容输出形式，如思维导图、扇形图等。

用户可以根据自己的需求定制对话功能，单击如图 5-4 所示文心一言对话界面输入框左上方的插件按钮来选择对应的插件，实现更高级别的交互和服务。

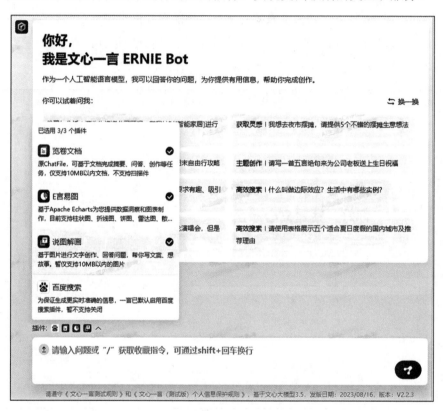

图 5-4 选择插件

常用的文心一言内置插件有说图解画、览卷文档、E 言易图、TreeMind 树图等，除此之外用户还可以通过插件商城下载更多的插件，插件商城如图 5-5 所示。

通过引用这些插件，用户可以对文心一言的功能定向加强，实现更多形式的操作，举例如下。

（1）通过引用【说图解画】插件，可以为文心一言增加图片输入形式。文心一言会根据用户上传的图片进行解析，并根据内容进行回答。

（2）通过引用【览卷文档】插件，可以为文心一言增加文档输入形式。文心一言会根据用户上传的文档进行阅览，并输出这篇文档的内容摘要，帮助用户快速了解文档的主要内容。

图 5-5　插件商城

（3）通过引用【TreeMind 树图】插件，可以为文心一言增加思维导图制作工具，能够快速对文本进行分析，理解并输出可编辑的思维导图。

5.4　文心一言的场景型（一言百宝箱）功能

在使用大语言模型时，如何编写一个高效的查询或指令是用户最为头疼的事情，为了增加用户体验感，让用户能够更加便捷地使用文心一言，文心一言团队特意整合了一系列的工具应用场景，并将其统一放置在如图 5-6 所示的【一言百宝箱】界面内。一言百宝箱为用户提供了丰富多样的对话场景和资源，用户可以通过对应应用场景下的提示词模板，快速编写有效的提示词，轻松体验不同场景下的对话交互，举例如下。

（1）通过剧本创作场景，快速让文心一言生成一个逻辑缜密的大学生克服困难在演讲大赛中夺冠的故事剧本。

（2）通过文稿创作场景，快速让文心一言生成一篇文笔生动地描写女子篮球赛活动文稿。

（3）通过演讲稿生成场景，快速让文心一言根据你的身份和演讲主题生成一篇发言稿。

图 5-6　【一言百宝箱】界面

任务实施

5.1　编写活动新闻稿提示词

1. 向文心一言发起提问，获取活动新闻稿的基本框架

进入文心一言官网首页，成功登录后，获取活动新闻稿的基本框架，为编写活动新闻稿的提示词提供参考，对话过程如下：

问：请为我提供一个活动新闻稿需要包含的基本框架。

答：活动新闻稿的基本框架包括以下几个部分：

一、标题

简明扼要地概括活动主题或亮点。

二、导语

简要介绍活动的背景、目的或重要性。

概括活动的主要内容和亮点，引起读者兴趣。

三、活动概述

详细介绍活动的时间、地点、参与人员及规模。

概括活动的整体流程或主要环节。

四、活动详情

按照时间顺序或逻辑顺序，详细描述活动的各个环节。

突出活动的亮点、特色或创新点。

可以穿插参与者的感受、互动环节等，使报道更生动。

五、活动成果与意义

总结活动取得的成果，如参与人数、影响力等。

分析活动对于参与者、组织方以及社会的意义和影响。

可以展望未来的发展趋势或提出相关建议。

六、结语

简要总结活动的主要内容和成果。

可以表达对未来活动的期待或祝愿。

请注意，这只是一个基本框架，具体的写作内容需要根据活动的实际情况进行调整和补充。在编写活动新闻稿时，要确保内容真实、准确、客观，并注重语言的简练和流畅。同时，还需要注意遵守新闻行业的规范和伦理准则。

2. 根据基本框架内容，结合活动实际，编写提示词

参考文心一言生成的活动新闻稿的基本框架，结合"智慧文化节"的开展情况，将活动内容细节补充到活动新闻稿中，最终形成活动新闻稿的提示词。

修改后活动新闻稿的提示词如下。

一、标题

"智慧文化节"圆满举办。

二、导语

通过一系列丰富多彩的活动，展示了 AI 技术的魅力，并激发了同学们的创新精神和实践能力。

三、活动概述

活动一共分成了 4 个环节，分别是进行 AI 产品展览的 AI 技术展示区；为同学们讲解 AI 技术的 AI 知识讲座；加深 AI 技术应用理解的 AI 编程挑战赛。

四、活动详情

1. AI 技术展示区

活动现场，AI 技术展示区成为同学们争相参观的热门地点。智能机器人灵活自如地执行各种指令，智能语音助手通过精准的语音识别技术，为同学们提供便捷的信息查询和互动体验。此外，AI 艺术作品的展示也吸引了众多同学的关注，他们纷纷驻足欣赏这些由 AI 技术生成独特艺术作品。

2. AI 知识讲座

为了让同学们更深入地了解 AI 技术，我们邀请了业内专家进行了一场精彩的 AI 知识讲座。专家从 AI 技术的原理、发展历程到应用场景等方面进行了深入浅出的讲解，使同学们对 AI 技术有了更加全面和深入的认识。讲座现场气氛热烈，同学们积极提问，与专家展开了深入的交流和讨论。

3. AI 编程挑战赛

文化节期间，我们举办了一场激烈的 AI 编程挑战赛。参赛同学们充分展示了自己的编程技能和创新能力，他们利用 AI 技术，编写出了各种具有创意和实用价值的程序。经过激烈的角逐，最终评选出了一批优秀作品，并颁发了奖项。这些作品不仅体现了同学们的技术实力，也展示了他们对 AI 技术的深入理解和应用能力。

4. AI 主题创意作品展示

此外，我们还举办了 AI 主题创意作品展示活动。同学们结合 AI 技术，创作出了包括 AI 绘画、AI 音乐、AI 设计等多种形式的创意作品。这些作品充满了想象力和创意，展示了同学们对 AI 技术的独特理解和应用。

五、活动成果与意义

本次"智慧文化节"的成功举办，不仅为同学们提供了一个展示才华、交流思想的平台，也让他们深刻感受到了 AI 技术的魅力和应用前景。

六、结语

本次"智慧文化节"的圆满落幕，不仅为广大学子搭建了一个绽放才华、碰撞思想的璀璨舞台，更让他们亲身体验到了 AI 技术的无限魅力与广阔应用前景。我们相信，在 AI 技术的引领下，同学们将不断探索创新，为未来的科技发展贡献自己的力量。

5.2 向文心一言输入提示词，生成活动新闻稿

将提示词输入文心一言对话界面的输入框中，让文心一言生成并输出活动新闻稿。对话过程如下：

问：请结合下面的内容为我生成一篇活动新闻稿。

一、标题

"智慧文化节"圆满举办。

二、导语

通过一系列丰富多彩的活动，展示了 AI 技术的魅力，并激发了同学们的创新精神和实践能力。

三、活动概述

活动一共分成了 4 个环节，分别是进行 AI 产品展览的 AI 技术展示区；为同学们讲解 AI 技术的 AI 知识讲座；加深 AI 技术应用理解的 AI 编程挑战赛。

四、活动详情

1. AI 技术展示区

......

…（此处省略活动内容）…

五、活动成果与意义

本次"智慧文化节"的成功举办，不仅为同学们提供了一个展示才华、交流

思想的平台，也让他们深刻感受到了 AI 技术的魅力和应用前景。

六、结语

本次"智慧文化节"的圆满落幕，不仅为广大学子搭建了一个绽放才华、碰撞思想的璀璨舞台，更让他们亲身体验到了 AI 技术的无限魅力与广阔应用前景。我们相信，在 AI 技术的引领下，同学们将不断探索创新，为未来的科技发展贡献自己的力量。

答：

"智慧文化节"圆满举办，展现 AI 技术魅力与未来潜力

近日，一场别开生面的"智慧文化节"在某大学圆满落幕。通过一系列丰富多彩的活动，本次文化节不仅充分展示了 AI 技术的魅力，还激发了同学们的创新精神和实践能力，为校园科技创新注入了新的活力。

活动伊始，AI 技术展示区便吸引了众多同学的目光。智能机器人灵活自如地执行各种指令，智能语音助手则通过精准的语音识别技术，为同学们提供便捷的信息查询和互动体验。同学们纷纷驻足欣赏这些由 AI 技术生成的艺术作品，感叹科技的神奇与魅力。

为了让同学们更深入地了解 AI 技术，活动还邀请了业内专家进行了一场精彩的 AI 知识讲座。专家从 AI 技术的原理、发展历程到应用场景等方面进行了深入浅出的讲解，使同学们对 AI 技术有了更加全面和深入的认识。讲座现场气氛热烈，同学们积极提问，与专家展开了深入的交流和讨论。

在 AI 编程挑战赛中，参赛同学们充分展示了自己的编程技能和创新能力。他们利用 AI 技术，编写出了各种具有创意和实用价值的程序。经过激烈的角逐，最终评选出了一批优秀作品，并颁发了奖项。这些作品不仅体现了同学们的技术实力，也展示了他们对 AI 技术的深入理解和应用能力。

此外，AI 主题创意作品展示活动也为同学们提供了一个展示才华的平台。同学们结合 AI 技术，创作出了包括 AI 绘画、AI 音乐、AI 设计等多种形式的创意作品。这些作品充满了想象力和创意，展示了同学们对 AI 技术的独特理解和应用。

本次"智慧文化节"的成功举办，不仅为同学们提供了一个展示才华、交流思想的平台，也让他们深刻感受到了 AI 技术的魅力和应用前景。通过参与活动，同学们不仅拓宽了视野，增长了知识，还激发了他们对科技创新的热情

和信心。

展望未来，我们相信在 AI 技术的引领下，同学们将继续探索创新，为未来的科技发展贡献自己的力量。"智慧文化节"也将成为推动校园科技创新和人才培养的重要平台，为培养更多具有创新精神和实践能力的优秀人才贡献力量。

此次"智慧文化节"的圆满举办，不仅展示了 AI 技术的巨大潜力和广阔前景，也彰显了同学们对于科技创新的热情和追求。我们期待未来更多类似的活动能够举办，为广大学子提供更多学习和交流的机会，共同推动科技事业的繁荣发展。

5.3　优化 AIGC 自动生成的活动新闻稿

文心一言生成的活动新闻稿初稿已经具备了比较完整的结构和内容，但是由于我们提供给文心一言的信息比较少，初稿里面肯定存在与实际情况不符的地方，所以需要根据活动实际举办情况对初稿进行修改优化，修改文本如下：

我校首届"智慧文化节"圆满落幕，AI 创新风潮受热捧！

近日，我校首届以"探索 AI 世界，点燃创新火花"为主题的"智慧文化节"圆满落幕。此次活动集结了 AI 技术展示区、AI 知识讲座、AI 编程挑战赛以及 AI 主题创意作品展示，为师生们带来了一场科技与创意的盛宴，充分展示了 AI 技术的魅力，并点燃了同学们的创新热情。

文化节现场，AI 技术展示区成为最吸睛的焦点。智能机器人灵活自如地执行各种复杂指令，吸引了众多师生的目光。智能语音助手则通过精准的语音识别技术，为大家提供了便捷的信息查询服务，并带来了独特的互动体验。此外，AI 艺术作品展示也令人耳目一新，这些由 AI 技术生成的艺术作品，不仅展示了 AI 在艺术创作领域的潜力，也激发了同学们对 AI 技术的浓厚兴趣。

为了让师生们更深入地了解 AI 技术，活动还邀请了业内专家进行了一场精彩的 AI 知识讲座。专家从 AI 技术的原理、发展历程到应用场景等方面进行了深入浅出的讲解，使师生们对 AI 技术有了更加全面和深入的认识。讲座现场气氛热烈，同学们积极提问，与专家进行了深入的交流和讨论。

文化节期间举办的 AI 编程挑战赛更是将现场气氛推向了高潮。参赛同学们凭借扎实的编程基础和创新能力，编写出了各种具有创意和实用价值的程序。经过激烈的角逐，最终评选出了一批优秀作品，并颁发了奖项。这些作品不仅展示了同学们的技术实力，也体现了他们对 AI 技术的深入理解和应用能力。

此外，AI 主题创意作品展示活动也为大家带来了别样的惊喜。同学们结合 AI 技术，创作出了包括 AI 绘画、AI 音乐、AI 设计等多种形式的创意作品。这些作品充满了想象力和创意，展示了同学们对 AI 技术的独特理解和应用。

本次"智慧文化节"的成功举办，不仅为师生们提供了一个展示才华、交流思想的平台，也让他们深刻感受到了 AI 技术的魅力和应用前景。活动不仅激发了同学们的创新精神和实践能力，也为推动我校在 AI 技术领域的发展注入了新的活力。我们相信，在 AI 技术的引领下，我校师生将继续探索创新，为未来的科技发展贡献自己的力量。

练习与实践

一、选择题

1. "文心一言"是百度基于哪项技术推出的生成式对话产品？（　　　）

A. 云计算 　　　　　　　　　　B. 人工智能

C. 区块链 　　　　　　　　　　D. 大数据

2. 在使用文心一言插件时，用户可以通过什么方式获取智能化的建议？
（　　　）

A. 手动输入关键词 　　　　　　B. 上传文档

C. 语音交互 　　　　　　　　　D. 实时摄像头捕捉

3. "文心一言"的"文心"二字寓意是什么？（　　　）

A. 文学之心 　　　　　　　　　B. 智能之心

C. 创意之心 　　　　　　　　　D. 技术之心

4. "文心一言"与以下哪个产品不是同一公司推出的？（　　　）

A. 小度音箱 　　　　　　　　　B. 腾讯微信

C. 阿波罗自动驾驶 　　　　　　D. 爱奇艺视频

5. 在使用"文心一言"进行对话时，用户主要通过哪种方式与它进行交互？
（　　）

A. 语音输入　　　　　　　　　B. 文字输入

C. 手势操作　　　　　　　　　D. 表情识别

二、任务实践

通过对本任务的学习，你应该掌握了文心一言的基本使用方法，熟悉了使用文心一言编写活动新闻稿的基本流程，下面请你参照本任务内容，根据下面所提供的活动情况编写一篇活动总结文章。以下是我校"新生杯"校园足球比赛的活动内容，将作为活动总结的基础信息。

　　你是学校体育部的干部，近期体育部为了迎接新生，增进新生之间的交流和友谊，同时提高新生的身体素质和团队合作精神而举办了一场"新生杯"校园足球比赛。

　　本次比赛于2023年9月25—30日在学校足球场举行，参赛对象为全校新生，共有8支学院代表队参加。

　　活动的主要内容包括8个学院代表队之间的淘汰赛，共进行了4场比赛。每场比赛分为上下半场，每半场45分钟。在比赛现场，学校足球协会的学生干部担任裁判员，确保比赛的公正公平。比赛流程如下：

　　（1）上半场比赛：双方进行11人对11人的常规比赛，每队有两次暂停机会，每次暂停时间为30秒。

　　（2）下半场比赛：上半场进球数较多的队伍为胜方，如果双方进球数相同，则进行30分钟的加时赛。加时赛仍然平局则进行点球大战。

　　（3）颁发奖项：颁发新生杯冠军、亚军和季军奖杯以及个人最佳球员、最佳射手等奖项。

　　活动组织和参与人员：

　　本次比赛由学校体育部和社会实践部联合主办，学生志愿者协会协办。比赛筹备组负责活动的前期筹备工作，包括宣传、报名、场地安排、裁判培训等。比赛裁判由体育部的学生干部担任。

　　通过本次比赛，各学院代表队展示了自己的实力和风采，同时也锻炼了新生的团队合作精神和竞争意识。此外，本次比赛还增进了各学院之间的交流和联系，有利于今后开展更多的交流活动。观众人数平均每场达到200人，说明比赛受到了广大师生的喜爱和支持。

但是存在部分裁判由于经验不足出现判罚不准或不及时的情况、部分参赛选手没有熟读比赛规则，出现多次犯规行为、部分观众在观赛过程中出现不文明行为，没有将垃圾带离赛场等问题。

扫一扫，
看微课

活动新闻稿

任务6　内容生成之借助天工AI实现高效创作

科技创新：AI 智能机器人在银行的典型应用——以文生文，绘出未来银行的模样

学习目标

（1）了解天工 AI 的基本信息；

（2）了解天工 AI 的功能特性；

（3）掌握天工 AI 的主要功能。

素质拓展

任务背景

小王是一个大一新生，在人工智能通识课的课堂上接触到天工 AI 的 AI 创作功能，被其强大的创作能力深深吸引。小王认为，借助这一功能，他可以将自己脑海中的科幻世界具象化，创作出引人入胜的科幻短文，为了能够更好、更快地获取到相关的素材，将其融入自己的科幻短文中。小王决定使用 AI 创作的边搜边写模式进行短文创作，创作要求如下。

1. 使用边搜边写模式进行创作，首先利用天工 AI 的 AI 搜索功能，收集关于未来城市的相关信息，包括最新的科技趋势、城市设计概念、环境保护措施等。

2. 利用天工 AI 的 AI 创作功能，开始创作一篇科幻短文。短文应描述一个未来城市的景象，展现其独特的建筑、先进的交通系统、宜居的环境以及人们的生活方式。

3. 创作过程中，注意结合搜索到的资料，将现实世界的科技进展和概念融入你的科幻想象中，使短文更具真实感和说服力。

4. 短文应具备一定的故事情节，可以围绕一个或多个主人公展开，描述他们在未来城市中的生活、冒险以及对未来的期待。

5. 短文字数不少于 500 字，要求内容连贯、逻辑清晰、语言流畅，同时体现出天工 AI 的 AI 创作与 AI 搜索功能所带来的创意与便利。

任务分析

传统的创作模式通常依赖于作者的个人能力和经验，需要花费大量时间和精力进行构思、写作和修改。而天工 AI 的 AI 创作边搜边写模式则更加灵活和动态。它可以在创作过程中实时搜索和获取新的信息，并根据这些信息调整和优化创作内容，大大提高了创作效率。在本任务中，学生需要借助天工 AI 进行高效创作，在这个过程中学生需要掌握使用天工 AI 进行高效创作的必要流程。具体任务流程如下：

（1）明确创作主题与目标；

（2）在天工 AI 中输入创作主题，获取初始文本；

（3）对获取的创作文稿进行人工修改与优化；

（4）下载文稿内容，保存为本地文档，修改与调整格式。

相关知识

天工 AI 大语言模型是我国首个与 ChatGPT 对标的双千亿级大语言模型，由昆仑万维与国内领先的 AI 团队奇点智源联合开发。以"天工开物"为灵感命名，寓意智慧与匠心结合，开创 AI 新篇章。它基于深度学习技术构建强大底层模型，运用自然语言处理、机器学习及大数据技术，实现精准理解、智能学习和海量数据处理。天工 AI 广泛应用于智能客服、教育、办公等领域，助力用户提升效率、享受生活。

6.1　天工 AI 功能介绍

天工 AI 已经上线开放的功能包括 AI 搜索、AI 对话、AI 阅读、AI 创作。此外，天工 AI 还支持图文对话、文生图等多模态应用，并具有数据分析、星座运势、热梗百科等新兴玩法。这些功能为用户提供了丰富多样的 AI 体验，满足了不同用户的需求。天工 AI 的主要功能如图 6-1 所示。

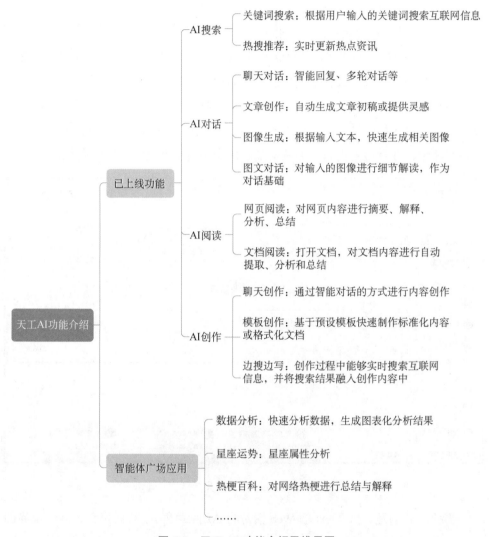

图 6-1 天工 AI 功能介绍思维导图

值得注意的是，天工 AI 的功能可能会随着版本的更新而不断变化和完善，建议用户及时关注官方动态以获取最新信息。同时，对于具体功能的使用方法和效果，用户可以在实际使用中探索和体验。

6.2　天工 AI 的 AI 搜索功能

　　天工 AI 是一款功能强大的搜索引擎，支持自然语言交流和多模态搜索，能实时提供精准、个性化的答案，并附带可追溯的引用来源，同时提供智能聚合和交互式引导，为用户带来高效、便捷且无广告的搜索体验。

　　用户通过选择 AI 搜索功能切换到天工 AI 搜索界面中，如图 6-2 所示。用户可以在界面的输入框中输入想要搜索的内容，天工 AI 会根据算法在互联网上对关键词进行搜索，并将搜索内容作为对话基础进行人机交互。

图 6-2　天工 AI 搜索界面

　　需要注意的是，天工 AI 的 Web 端是将 AI 搜索和 AI 对话聚合成同一个界面的，需要用户进行二次选择。

　　通过 AI 对话功能，用户可以借助天工 AI 获取各种互联网信息，举例如下。

　　（1）可以直接询问天工 AI 某个概念、事件或人物的相关信息。

　　例如，"我想要一个红烧肉的烹饪方法"。

　　（2）可以通过对话，让天工 AI 推荐同一类风格的著作。

　　例如，"推荐一些与《追风筝的人》风格相似的著作"。

6.3　天工 AI 的 AI 对话（智能体）功能

天工 AI 的 AI 对话（智能体）功能以实时互动、自然语言处理和个性化对话为特色，覆盖多领域知识，感知用户情绪并提供相应回应，同时支持多模态交互，并具备持续学习能力，为用户提供丰富、智能且人性化的对话体验。

用户在选择 AI 对话功能后，会进入天工 AI 首页中，这时需要用户再次单击【发现智能体】选项进入如图 6-3 所示的【智能体广场】界面，根据自身的使用需求选择对应的智能体进行对话，或者直接在天工 AI 搜索界面左侧【智能体】列表中选择对应的智能体。

图 6-3　【智能体广场】界面

通过 AI 对话功能，用户可以体验基于不同算法设定的场景应用，举例如下。

（1）通过选择【AI 写作】智能体，快速编写各种创意文章。

例如，"描述一次挑战自我极限的自行车之旅"。

（2）通过选择【热梗百科】智能体，让天工 AI 为用户解释网络热梗名词。

例如，"请解释工作脑是什么意思？"。

（3）通过选择【星座运势】智能体，让天工 AI 为我们解答星座属性方面的问题。例如，"请问农历三月二十九日出生的人的星座是什么？"。

6.4 天工 AI 的 AI 创作功能

天工 AI 的 AI 创作功能以高效快速的内容生成、多样化的创作风格、丰富的创作模式为特色，同时提供智能的编辑建议，并能与其他天工 AI 功能无缝集成，为创作者提供全面而强大的支持。

用户在选择 AI 创作功能后，会进入 AI 创作界面中。在 AI 创作界面中，用户可以输入具体的创作要求，如文章的主题、风格、长度等。天工 AI 会根据输入指令来生成相应的内容。天工 AI 的 AI 创作界面如图 6-4 所示。

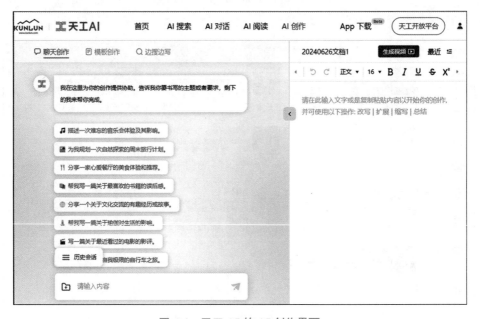

图 6-4　天工 AI 的 AI 创作界面

通过 AI 创作功能，用户以不同的创作风格、模式和主题快速生成高质量的内容，举例如下。

（1）通过【聊天创作】模式，用户通过简单描述自己的创作需求或主题获取灵感和思路，从而创作出更具创意和个性化的内容。

（2）通过【模板创作】模式，快速生成符合特定格式和要求的内容，并在模板的基础上进行创作。例如，选择商务邮件模板，输入邮件主题，直接生成一封专业且礼貌的商务邮件模板。

（3）通过【边搜边写】模式，用户在创作过程中能够在同一界面中进行资料搜索，快速获取所需的知识和信息，丰富创作内容。可以提高内容的准确性和可信度，避免因信息不足或错误而导致质量问题。

6.5　天工 AI 的 AI 阅读功能

天工 AI 的 AI 阅读是一款高效且智能的工具，具有出色的文本处理能力。无论是通过文章链接还是文档文件，它都能快速分析并理解文本内容，从而生成 AI 摘要，让用户能够迅速掌握文章的主旨。此外，一键要点提炼功能可以帮助用户快速理清文章的重点和细节，极大地提高了阅读效率。

天工 AI 阅读功能支持多种上传方式，包括主流资讯平台和自媒体平台的内容链接解析格式，以及 PDF、TXT 等常见文本文件格式，天工 AI 的 AI 阅读界面如图 6-5 所示。这种广泛的兼容性使得用户能够轻松地将各种来源的文本内容导入天工 AI 中进行阅读和分析。

图 6-5　天工 AI 的 AI 阅读界面

最后，天工 AI 的 AI 阅读功能还支持智能同步备份。已阅读过的内容会自动同步备份，方便用户随时查看和管理自己的阅读记录。

通过天工 AI 的 AI 阅读功能，用户可以直接通过文章的链接或文本文件，快速地分析理解文本内容，并生成 AI 摘要，便于用户一目了然地了解文本主旨。

📄 任务实施

6.1 明确创作主题与目标

明确创作主题与目标可以帮助用户更好地获取创作素材，因为用户知道自己在寻找什么，可以更有针对性地处理信息，为用户提供了创作框架，这样用户可以更有效地向天工 AI 提出问题，以获取所需信息。创作目的也是验证是否完成了预设的创作目标的关键。本次科幻短文的创作主题与创作目标如下：

> 创作主题：
> 未来城市景象的科幻描绘
> 创作目标：
> 利用天工 AI，收集并整合未来城市相关信息；
> 创作一篇不少于 500 字的科幻短文，展现未来城市的特色；
> 结合现实科技进展，增强故事真实感与说服力；
> 构建引人入胜的故事情节，围绕主人公展开。

6.2 在天工 AI 中输入创作主题，获取初始文本

（1）打开天工 AI 官网首页，登录天工 AI 平台，进入 AI 创作的【边搜边写】界面，如图 6-6 所示。

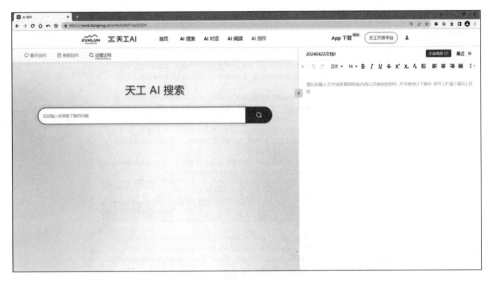

图 6-6　AI 创作的【边搜边写】界面

（2）将准备好的创作主题和创作目标输入搜索框中，让天工 AI 进行在线创作，获取文章初稿内容后，单击 AI 创作窗口右下角的【+添加到文档】，将内容同步到文档中，如图 6-7 所示。

图 6-7　进行文章创作

（3）将 AI 创作生成的文本内容同步到文档内后，用户可以通过选中文本内容，让 Aides（天工 AI 助手）进行文本改写、扩展、缩写、总结等操作，从而对文本内容进行修改，如图 6-8 所示。

图 6-8　对文本内容进行修改

（4）用户还可以通过向天工 AI 发起提问获取新的创作内容，如图 6-9 所示。

图 6-9　通过提问获取新的创作内容

6.3　修改与优化获取的创作文稿

AI创作生成的科幻短文初稿已经具备了比较完整的结构和内容，但是由于我们提供的信息比较少，初稿里面肯定存在与我们预想不符的地方，所以需要根据我们对短文的构想对科幻短文初稿进行修改与优化，修改文本如下：

在未来的城市"新纪元"中，阳光透过层层叠叠的智能玻璃，洒在熙熙攘攘的街道上。这些玻璃能够根据天气和季节自动调节透光率，确保室内始终保持舒适的光线和温度。街道两旁绿树成荫，鲜花盛开，智能灌溉系统根据植物的需求自动浇水，使得这座城市充满了生机与活力。

李阳走在宽敞的步行道上，感受着脚下柔软而富有弹性的路面。这是一种由纳米材料制成的步道，不仅能够根据行人的步伐和体重自动调整硬度，还能根据季节变化呈现出不同的颜色和纹理，为城市增添了一抹亮丽的色彩。

他抬头望向天空，一群群无人机在空中穿梭，它们或运送货物，或提供交通指引，或进行环境监测。这些无人机通过先进的导航系统和人工智能算法，实现了高效、安全的飞行，使得城市的空中交通井然有序。

在城市的各个角落，太阳能板和风力发电设施静静地运转着，为城市提供源源不断的清洁能源。这些绿色能源设施与周围的环境完美融合，既不影响城市的美观，又发挥着重要的环保作用。

李阳走进一家智能餐厅，这里的装修风格简约而现代，墙壁上镶嵌着智能显示屏，可以展示各种美食和饮品的信息。他选择了一个靠窗的位置坐下，透过窗户可以看到外面的街道和行人。

这时，一位老人缓缓走了进来，他看起来有些迷茫，四处张望着。李阳立刻起身，迎上前去询问是否需要帮助。老人告诉他，自己是第一次来到这家餐厅，不太清楚怎么点餐。

李阳微笑着引导老人来到自助点餐机前，耐心地教他如何操作。老人很快学会了如何使用点餐机，他感激地拍了拍李阳的肩膀："谢谢你，小伙子。现在的年轻人真是热心肠。"

两人边品尝美食边聊天，老人对新纪元城市的科技发展赞不绝口。他告诉李阳，自己年轻时曾经梦想过这样的城市，但当时的科技水平根本无法实现。现在看到这座城市如此繁荣昌盛，他感到无比欣慰。

饭后，李阳陪着老人漫步在城市的街头巷尾。他们走过一条条宽阔的马路，穿过一片片绿意盎然的公园。老人指着远处的一栋栋摩天大楼，讲述着这些建筑背后的故事和设计理念。李阳则向老人介绍了城市中的智能交通系统和环保措施。

夜幕降临，新纪元城市的霓虹灯开始闪烁。李阳和老人在城市的一角告别，约定下次再一起探讨科技与社会的话题。

这次相遇让李阳对未来城市有了更深刻的认识，也让他更加珍惜与身边人的交流和互动。他相信，在未来的日子里，科技将继续改变世界，而人与人之间的情感交流将永远是最宝贵的财富。同时，他也意识到科技的发展需要与人文关怀相结合，才能创造出真正宜居的未来城市。

6.4　下载文稿内容，保存为本地文档，修改与调整格式

修改和优化文稿内容后，我们需要将创作出来的文稿内容保存到本地设备中，这个过程可以通过直接复制、粘贴操作保存到一个新建的文档上，然后可以对文稿内容格式进行进一步的调整，调整格式之后的文稿内容如下：

"霓虹灯下的奇遇：新纪元城市的科技与温情"

在未来的城市"新纪元"中，阳光透过层层叠叠的智能玻璃，洒在熙熙攘攘的街道上。这些玻璃能够根据天气和季节自动调节透光率，确保室内始终保持舒适的光线和温度。街道两旁绿树成荫，鲜花盛开，智能灌溉系统根据植物的需求自动浇水，使得这座城市充满了生机与活力。李阳走在宽敞的步行道上，感受着脚下柔软而富有弹性的路面。这是一种由纳米材料制成的步道，不仅能够根

据行人的步伐和体重自动调整硬度，还能根据季节变化呈现出不同的颜色和纹理，为城市增添了一抹亮丽的色彩。

他抬头望向天空，一群群无人机在空中穿梭，它们或运送货物，或提供交通指引，或进行环境监测。这些无人机通过先进的导航系统和人工智能算法，实现了高效、安全的飞行，使得城市的空中交通井然有序。在城市的各个角落，太阳能板和风力发电设施静静地运转着，为城市提供源源不断的清洁能源。这些绿色能源设施与周围的环境完美融合，既不影响城市的美观，又发挥着重要的环保作用。

李阳走进一家智能餐厅，这里的装修风格简约而现代，墙壁上镶嵌着智能显示屏，可以展示各种美食和饮品的信息。他选择了一个靠窗的位置坐下，透过窗户可以看到外面的街道和行人。这时，一位老人缓缓走了进来，他看起来有些迷茫，四处张望着。李阳立刻起身，迎上前去询问是否需要帮助。老人告诉他，自己是第一次来到这家餐厅，不太清楚怎么点餐。

李阳微笑着引导老人来到自助点餐机前，耐心地教他如何操作。老人很快学会了如何使用点餐机，他感激地拍了拍李阳的肩膀："谢谢你，小伙子。现在的年轻人真是热心肠。"两人边品尝美食边聊天，老人对新纪元城市的科技发展赞不绝口。他告诉李阳，自己年轻时曾经梦想过这样的城市，但当时的科技水平根本无法实现。现在看到这座城市如此繁荣昌盛，他感到无比欣慰。

饭后，李阳陪着老人漫步在城市的街头巷尾。他们走过一条条宽阔的马路，穿过一片片绿意盎然的公园。老人指着远处的一栋栋摩天大楼，讲述着这些建筑背后的故事和设计理念。李阳则向老人介绍了城市中的智能交通系统和环保措施。夜幕降临，新纪元城市的霓虹灯开始闪烁。李阳和老人在城市的一角告别，约定下次再一起探讨科技与社会的话题。

这次相遇让李阳对未来城市有了更深刻的认识，也让他更加珍惜与身边人的交流和互动。他相信，在未来的日子里，科技将继续改变世界，而人与人之间的情感交流将永远是最宝贵的财富。同时，他也意识到科技的发展需要与人文关怀相结合，才能创造出真正宜居的未来城市。

练习与实践

一、选择题

1. 天工 AI 的核心交互方式是基于（　　）。

A. 图形用户界面　　　　　　　　B. 触摸手势操作

C. 自然语言处理　　　　　　　　D. 预设快捷键组合

2. 用户利用天工 AI 进行信息检索时，它能（　　）。

A. 只提供原始搜索结果链接

B. 对搜索结果进行人工筛选

C. 提炼关键信息并进行结构化展示

D. 仅限于公司内部数据库查询

3. 关于天工 AI 的个性化任务管理功能，以下说法正确的是（　　）。

A. 不支持语音指令创建任务

B. 无法根据用户历史行为提供建议

C. 能够跨设备同步任务状态

D. 不具备提醒功能

4. 关于天工 AI 的创意与内容生成能力，下列哪项描述不准确？（　　）

A. 能根据用户要求生成文章

B. 支持图像作品的自动生成

C. 可以创作符合特定艺术风格的作品

D. 不能根据用户提供的素材进行创作

5. 天工 AI 在工作场景中可能的应用包括（　　）。

A. 制订项目计划　　　　　　　　B. 分析业务数据

C. 翻译文档　　　　　　　　　　D. 以上全部

二、任务实践

通过对本任务的学习，你应该掌握了天工 AI 的基本使用方法，熟悉了使用天工 AI 进行高效创作的基本流程，请你参照本任务内容，使用天工 AI 的 AI 阅读功能进行一次高效阅读，要求如下。

1. 使用天工 **AI** 的 **AI** 阅读功能对下面的在线文本进行文本阅读

通过扫描二维码获取在线文本链接。

2. 通过本次阅读获取以下问题答案：

（1）人工智能对国际竞争、经济发展、社会建设和国家安全的影响是什么？其发展规划如何进行？

（2）我国在人工智能领域的基础、优势和挑战是什么？

（3）如何保障人工智能的法律法规和伦理规范？

（4）实施人工智能发展规划的具体组织和保障措施是什么？

扫一扫，
看微课

高效创作

任务7 内容生成之使用WPS AI编写实践调研报告

学习目标

（1）了解 WPS AI 的基本信息；

（2）了解 WPS AI 的基本功能和应用；

（3）会使用 WPS AI 核心功能协助办公。

素质拓展

劳动精神：技术进步与劳动者素质提升——AI 时代的劳动者新画像

任务背景

当今信息化、数字化技术高速发展，AI 技术日益渗透到各个领域中，为各行各业带来了革命性的变革。从居家生活到办公环境，从教育领域到医疗健康，AI 技术的应用已经无处不在。为了更好地利用 AI 技术助力我们的工作、学习与生活，我们需要了解各个 AI 工具的应用，掌握他们的优势。本任务计划利用 WPS AI 协助编写实践调研报告，调研报告主题为"人工智能在环境保护领域的应用与挑战"。任务要求如下：

1. 深度研究：对人工智能在环境保护领域的应用进行深度研究，包括但不限于以下几个方面：空气污染防治、水资源管理、生物多样性保护、废弃物处理等。

2. 内容分析：学生应分析人工智能在环境保护中的优势，如提高监测效率、优化资源利用、辅助决策制定等。同时，也需要探讨面临的挑战，如数据隐私与安全、技术局限与伦理问题等。

3. 利用 WPS AI 功能：学生应充分利用 WPS AI 的智能化功能来辅助调研报告的编写。除了基本的自动排版，还鼓励学生尝试使用 WPS AI 的语音转文字功能来整理内容，或利用 WPS AI 的内容优化建议来完善文本表述。

4. 逻辑与结构：调研报告应逻辑清晰、结构完整，能够清晰地展现研究的主要内容和观点。建议采用问题引入、现状分析、应用案例、挑战与展望等部分来组织内容。

任务分析

在本任务中，我们需要借助金山办公自主研发的大语言模型 WPS AI 进行实践调研报告的编写，在这个过程中我们需要掌握 WPS AI 大语言模型的使用方法。本任务流程如下：

（1）选择以智能起草方式新建 Word 文档；

（2）在灵感市集中选择报告模板，按照需求修改提示词模板；

（3）生成调研报告大纲，通过人机对话修改框架内容；

（4）对生成的调研报告进行内容补充等细节优化。

相关知识

WPS AI 是金山办公推出的一款具备大语言模型能力的人工智能应用，是 WPS Office 软件套件的一个重要组成部分。WPS AI 的集成使得 WPS Office 软件套件的功能得到了全面的提升，为用户提供了更加智能、高效的办公体验。无论是文字处理、表格分析还是语音翻译，WPS AI 都能帮助用户轻松完成各种办公任务，提高工作效率。

7.1 WPS AI 功能介绍

WPS AI 的集成使得 WPS Office 的功能得到了极大的扩展和提升。它可以帮助用户自动生成内容、分析并提炼长文重点信息，无论是文章大纲、工作周报，还是论文、公文，WPS AI 都能智能起草，为用户提供创作灵感。同时，WPS AI 还能总结长文信息，帮助用户轻松高效地阅读 PDF 科研论文、报告、产品手册、法律合同、图书等文档。

在表格处理方面，WPS AI 也表现出色。用户可以通过简单的提问，得到所需的数据结果，无须深入学习函数公式。此外，WPS AI 还支持条件标记、生成公式、分析数据、筛选排序等操作，让用户的数据处理与分析更加高效。

除了文档和表格处理，WPS AI 还具备智能文档 AI 和智能表格 AI 的功能，能够帮助用户构建文章大纲、优化表达、理解文档等任务，同时还能快速完成数据处理与分析，支持 AI 列类型、AI 模板等功能。

此外，WPS AI 还具备语音识别和翻译功能，用户可以通过语音输入来生成内容，也可以将文档内容翻译成其他语言，满足跨语言交流的需求。WPS AI 的主要功能如图 7-1 所示。

7.2　通过 WPS 文字使用 WPS AI

WPS 文字作为 WPS Office 软件套件中的文字处理工具，具备丰富的功能，能够满足用户在办公和学习中的各种需求。

在 WPS 文字中，WPS AI 功能的应用为用户带来了更高效、智能的文档处理体验。这些功能包括智能写作助手，可自动生成文章框架和段落；智能纠错与格式调整，实时检测并修正语法和格式问题；智能分析与总结，提取文档关键信息并生成图表和报告等。此外，还有智能推荐、智能排版、智能校对、智能摘要以及智能模板推荐等功能，进一步提升了文档编辑的效率和美观度。这些功能不仅简化了编辑过程，还确保了文档的质量和专业性，使用户能够更轻松地完成各类文档处理工作。WPS 文字的 AI 功能如图 7-2 所示。

在 WPS 文字中，用户可以借助 WPS AI 进行更高效、智能的文档处理，举例如下：

（1）用户可以通过【文档排版】功能，快速完成文档格式整理与排版工作；

（2）用户可以通过【帮我写】功能，快速获得相关主题的参考文档；

（3）用户可以通过【帮我改】功能，快速对文档内容进行一键润色、内容扩写等操作。

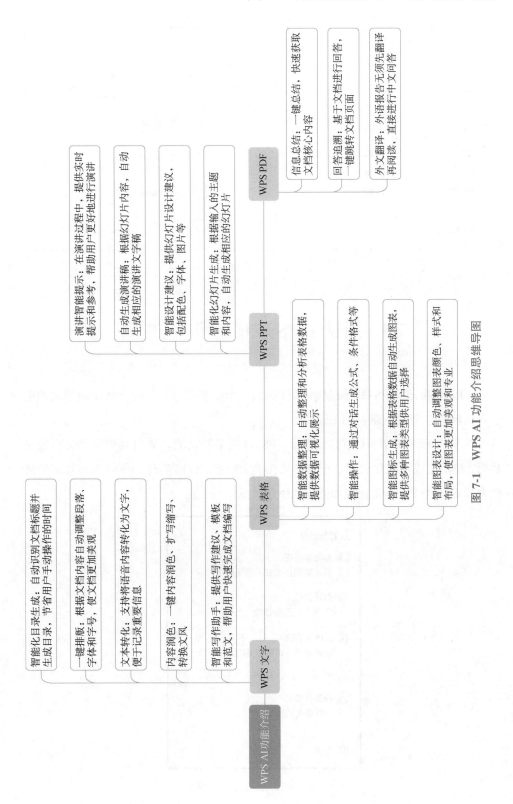

图 7-1 WPS AI 功能介绍思导图

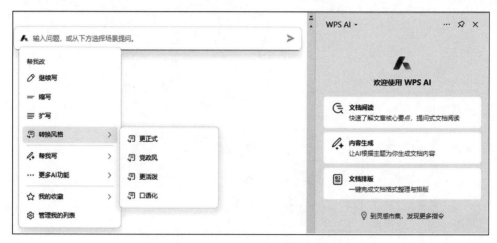

图 7-2　WPS 文字的 AI 功能

7.3　通过 WPS 表格使用 WPS AI

　　WPS 表格是 WPS Office 软件套件中的一个重要组件，它是一款功能强大的电子表格软件，类似于微软的 Excel。

　　在 WPS 表格中，用户可以调用 WPS AI 的多种功能，如自动整理和分析表格数据、自动生成可视化表格、一键美化图表等功能，以此提升工作效率和数据处理能力。WPS 表格的 AI 功能如图 7-3 所示。

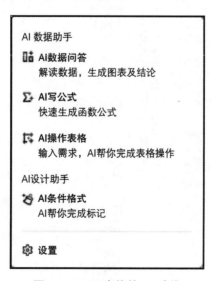

图 7-3　WPS 表格的 AI 功能

在 WPS 表格中，用户可以借助 WPS AI 进行更高效、智能地表格处理，举例如下：

（1）用户可以通过【洞察分析】功能，快速将表格数据转化成不同类型的图表；

（2）用户可以通过【AI 写公式】功能，通过文字描述让 AI 自动编写复杂公式；

（3）用户可以通过【AI 条件格式】功能，快速对表格内容进行批处理等操作。

7.4　通过 WPS 演示使用 WPS AI

WPS 演示是一款功能强大的在线演示工具，具有多种实用功能，旨在帮助用户轻松创建、编辑和展示精美的幻灯片。

在 WPS 演示中，用户能够调用 WPS AI 的多种功能来辅助创作。如智能推荐合适的主题和样式，一键生成演示大纲和内容，自动添加动画效果，给出内容优化建议。WPS 演示的 AI 功能如图 7-4 所示。

图 7-4　WPS 演示的 AI 功能

在 WPS 演示中，用户可以借助 WPS AI 更高效地创建和编辑演示内容，举例如下：

（1）用户可以通过【AI 生成 PPT】功能，通过文字描述生成相关主题的幻灯片；

（2）用户可以通过【AI 设计助手】功能，快速生成单页 PPT 内容；

（3）用户可以通过【AI 写作助手】功能，快速对 PPT 内容进行修改。

任务实施

7.1 选择以智能起草方式新建 Word 文档

（1）打开 WPS Office，进入 WPS Office 主界面，如图 7-5 所示。

图 7-5 WPS Office 主界面

（2）单击【十新建】按钮，进入【新建】界面，选择新建文字创建 Word 文档，如图 7-6 所示。

（3）在【新建】界面中用户可以根据自身喜好与使用习惯选择调研报告的主题和模板，也可以直接创建空白文档，这里选择【智能起草】选项，使用 WPS AI 一键生成调研报告文稿，如图 7-7 所示。

图 7-6 【新建】界面

图 7-7 新建 Word 文档界面

（4）进入 Word 文档创作界面，如图 7-8 所示，当弹出 WPS AI 输入框时，说明 WPS AI 已经完全启动。

图 7-8　WPS AI 启动完成

7.2　在灵感市集选择报告模板，按照需求修改
提示词模板

在使用 WPS AI 进行文稿生成时，提示词是其中最为关键的一环，提示词在文稿生成中扮演着至关重要的角色。它们不仅为 WPS AI 提供明确的指导，确保生成的文稿内容符合用户的需求和期望，还能够提高文稿的质量。WPS AI 为用户提供了各种文稿的提示词模板，用户可以根据自身需求选择对应的模板。

（1）在弹出的 WPS AI 功能列表中选择【探索更多灵感】选项进入【灵感市集】界面，如图 7-9 所示。

图 7-9　【灵感市集】界面

（2）在搜索框内输入模板类型查找所需的文稿模板，如图 7-10 所示。

图 7-10　查找文稿模板

（3）选择【实践报告】模板作为本次调研报告的文稿模板，单击【查看详情】，查看模板提示词内容，如图 7-11 所示。

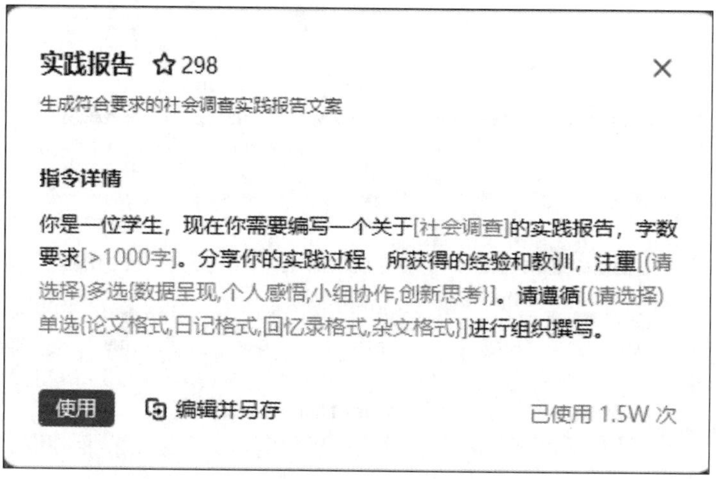

图 7-11　查看模板提示词内容

（4）单击【使用】按钮，开始修改填充调研报告提示词，如图 7-12 所示。

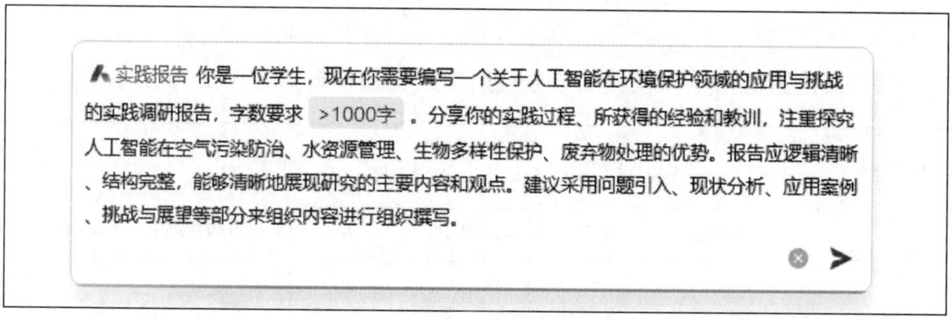

图 7-12　修改填充提示词

7.3　生成调研报告框架，通过人机对话修改框架内容

（1）单击发送图标，将编辑好的提示词提交给 WPS AI，生成调研报告主体框架，如图 7-13 所示。

（2）生成调研报告主体框架之后，用户可以根据对调研报告的预期效果通过人机对话修改报告框架，如图 7-14 所示。

（3）耐心等待 WPS AI 进行框架修改，通过操作可以看到，使用人机对话修改框架是直接将整个框架都进行更换，如图 7-15 所示。

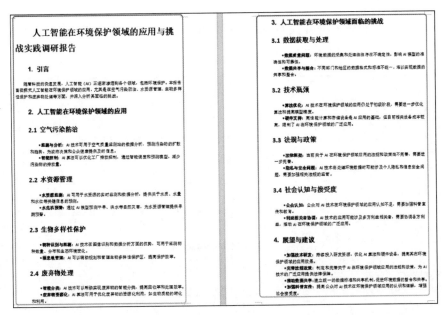

图 7-13　生成调研报告主体框架

图 7-14　修改报告框架

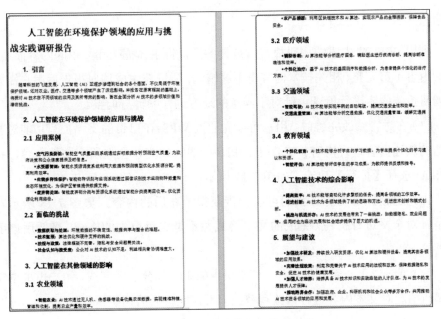

图 7-15　调研报告主体框架修改完成

（4）在获取到较为符合预期的框架后，单击【保留】按钮将生成的框架作为本次创作的基本内容，如图7-16所示。

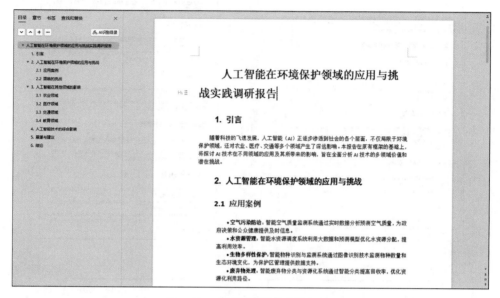

图7-16　应用调研报告主体框架

7.4　对生成的调研报告进行内容补充等细节优化

利用WPS AI生成的调研报告只是具备了报告主体框架和简单的内容简述，具体的内容不够完整、相关技术内容也不够饱满，所以在生成调研报告后用户需要针对调研报告内容进行检查，针对不满意的地方进行编辑与调整。

（1）在进行修改完善时，用户可以先通过WPS AI自带的文稿扩写功能对整个文档的叙述内容进行内容扩充，进行初步的内容填充，全选所有文档内容，打开WPS AI选择【扩写】功能，如图7-17所示。

（2）通过扩写功能，我们可以初步获得填充后的内容，如图7-18所示。由于是针对全文进行扩写，生成的文字格式并不是文章原先的格式，需要用户手动调整。

（3）通过以上一系列的操作，调研报告的主要部分已经完成，用户再根据实际的调研情况对文本内容进行修改和替换即可，完善后的调研报告如下：

图 7-17　使用 WPS AI 进行文字内容扩充

人工智能在环境保护领域的应用与挑战实践调研报告

1. 引言

随着科技的飞速发展，人工智能（AI）已逐渐成为推动社会进步的关键动力。在环境保护领域，AI 技术以其独特的数据处理能力和预测分析能力，为环境治理和资源管理提供了新的解决方案。本报告将在原有框架的基础上，深入探讨 AI 技术在环境保护领域的应用案例、面临的挑战以及未来的发展趋势，旨在全面分析 AI 技术在环境保护领域的应用前景和潜在价值。

2. 人工智能在环境保护领域的应用与挑战

2.1 应用案例

* 空气污染防治：智能空气质量监测系统利用 AI 算法对空气质量数据进行实时分析，预测未来空气质量变化，为政府制定环保政策和公众出行提供决策依据。

* 水资源管理：AI 技术在水资源管理中的应用主要体现在智能水资源调度系统上。该系统通过收集和分析各类水资源数据，实现水资源的优化配置和高效利用，有效解决水资源短缺和水危机问题。

* 生物多样性保护：智能物种识别与监测系统利用深度学习算法和图像识别技术，实时监测物种数量和生态环境变化，为保护区管理提供数据支持。此外，AI 技术还可以辅助科研人员进行物种分类和生态系统评估，提高生物多样性保护的针对性和有效性。

* 废弃物处理：智能废弃物分类与资源化系统通过机器学习算法对废弃物进行智能分类和回收利用，提高回收率和资源化利用率。同时，该系统还可以预测废弃物的产生量和趋势，为政府制定废弃物管理政策提供科学依据。

图 7-18　扩充后的内容

人工智能在环境保护领域的应用与挑战实践调研报告

1. 引言

随着科技的飞速发展，人工智能（AI）已逐渐成为推动社会进步的关键动力。在环境保护领域，AI 技术以其独特的数据处理能力和预测分析能力，为环境治理和资源管理提供了新的解决方案。本报告将在原有框架的基础上，深入探讨 AI 技术在环境保护领域的应用案例、面临的挑战以及未来的发展趋势，旨在全面分析 AI 技术在环境保护领域的应用前景和潜在价值。

2. 人工智能在环境保护领域的应用与挑战

2.1 应用案例

空气污染防治：智能空气质量监测系统利用 AI 算法对空气质量数据进行实时分析，预测未来空气质量变化，为政府制定环保政策和公众出行提供决策依据。

……

省略部分文章内容

……

6. 结语

人工智能作为当今科技发展的前沿领域之一，在环境保护领域具有广阔的应用前景和巨大的潜力。通过深入研究和持续创新，我们可以充分发挥 AI 技术在环境保护领域的作用，为构建美丽中国、实现可持续发展贡献更多力量。同时我们也需要关注 AI 技术可能带来的挑战和问题，加强法规政策制定、技术研发创新、人才培养和社会参与等方面的工作，确保 AI 技术在环境保护领域健康、积极地发展。

练习与实践

一、选择题

1. WPS AI 在 WPS 文字中可以完成以下哪项操作？（　　）

A. 自动排版　　　　　　　　　B. 智能校对文字

C. 生成文章大纲　　　　　　　D. 以上所有选项都可以

2. WPS AI 在 WPS 表格中不能完成以下哪项操作？（　　）

A. 数据筛选　　　　　　　　　B. 生成公式

C. 转换文件格式　　　　　　　D. 数据可视化建议

3. 在 WPS 演示中，WPS AI 可以实现以下哪项功能？（　　）

A. 自动添加动画效果　　　　　B. 智能调整幻灯片布局

C. 语音转文字　　　　　　　　D. 实时翻译

4. WPS AI 在 WPS 文字中智能校对文字时，以下哪项不是它的功能？（　　）

A. 检查拼写错误　　　　　　　　B. 检查语法错误

C. 检查标点符号使用　　　　　　D. 自动润色文章风格

5. 在 WPS 文字中，WPS AI 对于提高写作效率的作用主要表现在哪些方面？
（　　）

A. 自动保存文件　　　　　　　　B. 快速生成文章大纲

C. 实时同步到其他设备　　　　　D. 可选择多种字体

二、任务实践

通过对本任务的学习，你应该掌握了 WPS AI 的基本使用方法，熟悉了使用
WPS AI 进行实践调研报告编写的基本流程，下面请参照本任务内容，制作一份主
题为"智能家居技术介绍"的 PPT 文件，任务要求如下。

> 请利用 WPS AI 工具，制作一份主题为"智能家居技术介绍"的 PPT 文件，
> 内容需涵盖以下要点：
>
> 1. 智能家居的定义及其在现代生活中的重要性；
> 2. 智能家居系统的基本构成及主要技术原理；
> 3. 智能家居的实际应用案例，如智能照明、智能安防等；
> 4. 智能家居技术的未来发展趋势及市场前景。
>
> 要求：
>
> 1. PPT 结构清晰，逻辑性强，各部分内容连贯；
> 2. 使用 WPS AI 的智能设计功能，确保 PPT 风格统一、美观大方；
> 3. 文字简洁明了，图片或图表需高清且能够直观展示相关内容；
> 4. 在介绍智能家居技术原理时，可以适当使用动画或视频来辅助说明。

扫一扫，
看微课

调研报告

任务8 图形生成之使用海艺AI制作活动背景图

学习目标

（1）了解海艺AI的基本概念；

（2）了解海艺AI的主要功能；

（3）会使用海艺AI进行活动背景图的生成。

素质拓展

新视角——海艺AI：启迪
未来，赋能青年创意力

任务背景

近期学校准备举办一场主题为"科技筑梦，智绘青春"的IT文化节活动，现在向全院征集IT文化节活动背景图，背景图要求如下。

1. 使用学院标志物作为生成背景图的底图。

2. 主题明确：背景图应充分体现IT文化节的主题，如科技创新、数字未来、智能互联等，确保观众一看便能感受到节日氛围。

3. 内容相关：背景图中应包含与IT文化节紧密相关的元素，如代码、键盘、鼠标、屏幕、电路板等，以展现IT行业的特色。

4. 创意设计：背景图设计应富有创意，避免过于传统或俗套的设计元素，力求在视觉上给人耳目一新的感觉。

5. 色彩搭配：色彩应鲜明且和谐，既能突出IT文化节的氛围，又能给人以舒适愉悦的视觉体验。

6. 布局合理：背景图中的元素布局应合理，避免过于拥挤或空洞，确保整体视觉效果协调统一。

7. 分辨率高：背景图应具有较高的分辨率，以适应不同场合的展示需求，确保在放大或缩小后仍清晰。

任务分析

在当今数字化时代，图片在用户的生活中扮演着越来越重要的角色。社交媒体、广告、设计等行业对图片的需求量呈现出急剧增长的态势。人工智能技术的崛起，打破了传统制图方法的专业性高、制作成本高等限制，用户可以利用先进的人工智能算法，简单、快速、高效地生成图片。在使用海艺 AI 进行背景图制作的过程中，用户需要掌握海艺 AI 大语言模型的使用，具体任务流程如下：

（1）提取背景图要求关键词，编写提示词；

（2）上传图片作为海艺 AI 生图素材，选择生图模型；

（3）利用海艺 AI 生成背景图；

（4）根据生成图增加负标签进行图像优化。

相关知识

海艺 AI 是成都海艺互娱科技有限公司推出的一款前沿人工智能艺术平台，凭借强大的 AI 技术和多元化创作模式，为用户提供了丰富多样的艺术创作体验。海艺 AI 支持多种生图创作，用户可以上传和训练自己的 AI 模型，利用平台丰富的模型库创作出独一无二的艺术作品。海艺 AI 广泛应用于游戏、教育、设计、电商、家装和自媒体等领域，为各行业带来无限的创新可能。

8.1　海艺 AI 功能介绍

海艺 AI 拥有广泛的功能和应用场景。它可以根据用户输入的关键词、描述或草图，自动生成符合要求的图像作品。用户可以通过调整参数、选择风格等方式，精准控制生成图像的效果和风格，实现个性化的创作需求。

此外，海艺 AI 还具备学习和进化的能力。它可以通过学习大量的艺术作品和创作技巧，不断提升自己的创作水平和艺术感知能力。这意味着随着时间的推移，海艺 AI 能够生成更加精美、富有创意的作品，满足用户日益增长的艺术需求。海艺 AI 的主要功能如图 8-1 所示。

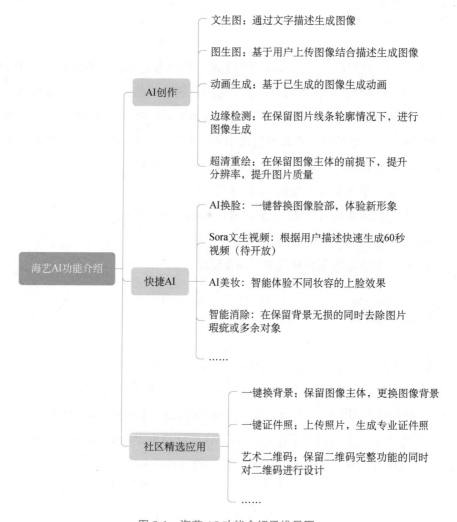

图 8-1　海艺 AI 功能介绍思维导图

8.2　海艺 AI 支持的生图类型

在实践过程中，海艺 AI 将基于不同前置条件生成的图像分成不同的种类，分别是基于文字描述生成图像的文生图、基于已有图像生成图像的图生图、基于特定的限制条件生成图像的条件生图。不同 AI 生图技术的侧重点也有所不同，下面来简单认识一下。

1. 文生图

文生图技术使得用户可以通过简单的文本描述来生成图像，这对于内容创作者、游戏开发者、电影制作人等需要大量视觉素材的行业非常有用。此外，它也可以用于教育、辅助设计和虚拟现实等领域。

2. 图生图

图生图技术在艺术创作、图像修复、医学成像、卫星图像处理等领域有着广泛的应用。它可以帮助艺术家创作新的作品，帮助科学家和医生分析图像，或者在数字娱乐产业中提供高质量的视觉效果作品。

3. 条件生图

条件生图技术使得图像生成过程更加可控和精确。它在个性化内容创作、数据增强、模拟和预测等领域中非常有用。例如，在游戏开发中，可以根据特定的角色描述生成角色图像；在医学领域，可以根据病理条件生成模拟的医学图像。

8.3　海艺 AI 基础设置参数介绍

1. 采样器

采样器决定了如何从概率分布中选择样本，从而控制生成图像的过程。不同的采样策略可以影响图像的多样性、质量和生成速度。通过合理选择和调整采样方法，可以在图像生成任务中获得最佳的结果。不同采样器的特点和应用场景如表 8-1 所示。

表 8-1　不同采样器的特点和应用场景

采样器	特点	适用场景
Euler	基本、快速，可能缺乏多样性	快速预览结果或对多样性需求不高时
Euler a（Eular ancestral）	高多样性，能在少步数步骤数量内产生显著变化	探索多种生成可能性，从少步数内看多样化结果
Heun	高质量图像生成，生成速度较慢	重视图像质量和细节，不特别关注生成速度
DDIM	在宽幅画面生成上具有良好表现，生成速度适中，多步数下表现优秀	需要平衡生成质量和生成速度，处理复杂图像和环境细节
DPM2	高标签利用率，几乎能达到80%以上	最大化利用标签信息，生成与标签高度匹配的图像
DPM2 a	对人物特写有优化	生成特定人物的图像，最大化地利用标签信息
DPM++ 2M Karras	能够在保持较快生成速度的同时，生成高质量的图像	生成高质量图像，对时间效率有一定要求且计算资源充分的情况
PLMS	对处理神经网络结构中的奇异性有效，单次出图质量高	处理复杂或奇异的图像结构，追求高质量生成结果
LMS	Euler 的衍生采样器，提高准确性，图像质感偏向动画风格	生成具有动画风格的图像，提高生成结果的稳定性
LMS Karras	图像风格偏向油画风格，写实性可能不足	生成油画或抽象风格的图像
UniPC	效果好且生成速度快	快速生成高质量图像，对生成速度有较高要求且计算资源有限的情况

2. 步骤

在图像生成过程中，步骤数量（通常指的是迭代次数或采样步骤）对于生成结果有着重要的影响，更多的步骤通常意味着更细致的迭代过程，这有助于提高生成图像的细节和质量。在一些生成模型中，如扩散模型，步骤数量直接影响图像从噪声到清晰图像的转变过程，当然步骤越多所需要耗费的算力资源和生成时间越多。

3. 文本强度

在文本到图像（Text-to-Image）的生成任务中，文本强度（Text Strength）或文本权重是一个关键参数，它决定了文本描述对最终生成图像的影响程度。通过调整文本强度，可以控制文本描述对图像内容的影响力度。较高的文本强度意味着生成的图像将更紧密地遵循文本描述，可以表现更多的细节，而较低的强度则允许表现更多的创造性、自由性和随机性，可以提供大量的创意，适合设计草图或者概念艺术创作。

4. 随机种子

在计算机生成的图像和模拟过程中，随机种子（Random Seed）是一个初始值，用于初始化随机数生成器。随机种子用于确保结果的可重复性和可控性，通过指定种子可以重现特定的随机图像，便于调试和探索模型的不同输出结果。

📋 任务实施

8.1　提取背景图要求关键词，编写提示词

一个合适的提示词可以大大减少用户生成图像的次数和资源，用户需要根据任务给出的背景图要求或者活动主题进行提示词的提炼，从而减少用户生成图像的尝试次数。

（1）提取活动背景图要求中包含的关键词。

1. 主题明确：背景图应充分体现 IT 文化节的主题，如科技创新、数字未来、智能互联等，确保观众一看便能感受到节日氛围。

关键词：IT 文化节、主题、科技创新、数字未来、智能互联、节日氛围

2. 内容相关：背景图中应包含与 IT 文化节紧密相关的元素，如代码、键盘、鼠标、屏幕、电路板等，以展现 IT 行业的特色。

关键词：元素、代码、键盘、鼠标、屏幕、电路板、行业特色

3. 创意设计：背景图设计应富有创意，避免过于传统或俗套的设计元素，力求在视觉上给人耳目一新的感觉。

关键词：创意设计、视觉、新颖

4. 色彩搭配：色彩应鲜明且和谐，既能突出 IT 文化节的氛围，又能给人以舒适愉悦的视觉体验。

关键词：色彩鲜明、和谐、舒适愉悦的视觉体验

5. 布局合理：背景图中的元素布局应合理，避免过于拥挤或空洞，确保整体视觉效果协调统一。

关键词：布局、合理、拥挤、空洞、视觉效果、协调统一

6. 分辨率高：背景图应具有较高的分辨率，以适应不同场合的展示需求，确保在放大或缩小后仍清晰。

关键词：分辨率高、符合展示需求清晰度

（2）将筛选出来的关键词进行组合，形成一句符合大部分要求的综合性提示词。

设计一张主题鲜明、内容相关、创意新颖、色彩和谐、布局合理、高分辨率的 IT 文化节背景图，以展现科技氛围和 IT 行业特色，确保观众一看便能感受到节日的氛围。

小提示： 面对复杂的图像要求时，可以借助 AI 工具帮助提取关键词并完成提示词的编写。

8.2　上传图片作为 AI 生图素材，选择生图模型

使用海艺 AI 的图生图功能进行图像生成时，需要先将作为素材的图片上传到海艺 AI 中进行图像特征分析。

（1）进入海艺 AI 主页，可以看到大量其他用户生成的图像，如图 8-2 所示。

（2）在海艺 AI 主页中单击【创作】按钮，进入海艺 AI 的图像生成界面，如图 8-3 所示。海艺 AI 的图像生成需要花费算力值或体力值，其中【创作流】需要支付的【算力】需要通过用户完成任务或者充值才能获得，而【图生图】需要支付的【体力】则是每天都会更新 150 活力，不可叠加。

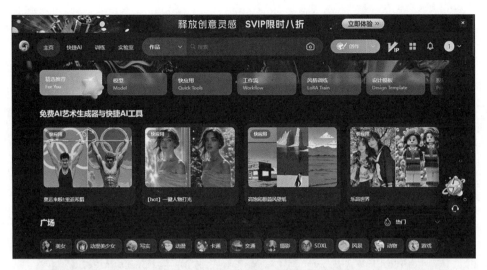

图 8-2　海艺 AI 主页

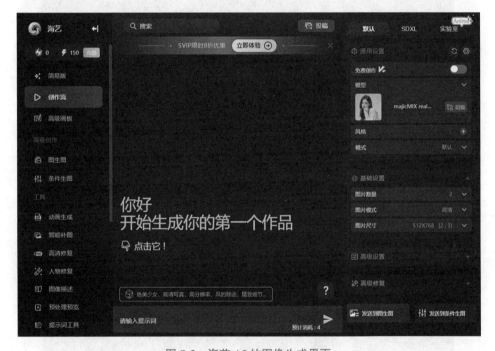

图 8-3　海艺 AI 的图像生成界面

（3）单击左侧导航栏的【图生图】选项进入图生图模式下的图像生成界面，如图 8-4 所示。可以看到该界面的主要构成是一个图像上传区，右侧是图像生成的模型和参数选项，能满足用户的各种日常创作需求。

（4）单击上传图标，选择准备好的图片，作为图生图的原素材，如图 8-5 所示。

图 8-4　图生图模式下的图像生成界面

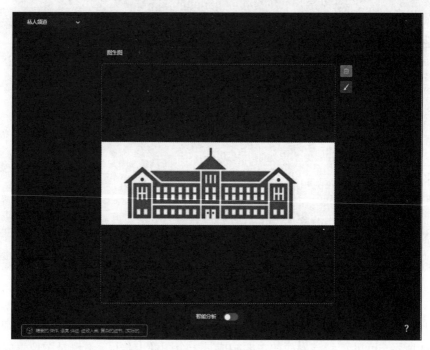

图 8-5　上传图片

（5）在界面右侧【模型】下拉列表中选择【选择更多模型】选项，查看全部模型，如图 8-6 所示。

图 8-6 【选择模型】界面

（6）在模型库中找到符合活动背景主题的模型，单击模型即可选择生成和该模型特征相似的图像，如图 8-7 所示。

图 8-7 选择图像生成模型

8.3 输入提示词，并设置基础参数，生成背景图

在借助海艺 AI 进行图像生成时，除了要准备好提示词，用户还需要对几个基础参数进行设置。

（1）由于本次创作需要根据背景图要求进行创作，所以可以选择高标签利用率的 DPM++ 2M Karras 采样方法，并设置【重绘强度】为 0.5、【采样步骤】为 30、【文本强度】为 7、随机种子值为 9527、【图片尺寸】为 768×432，如图 8-8 所示。

（2）将准备好的提示词填充到提示词输入框中，准备生成背景图，如图 8-9 所示。

图 8-8　图像生成基础参数设置

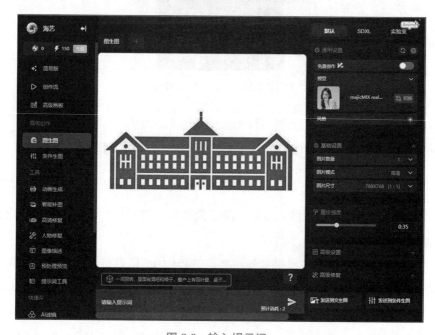

图 8-9　输入提示词

（3）单击输入框右侧的发送图标，花费 2 点体力值生成图像，获取第一张背景图，如图 8-10 所示。

图 8-10　获取背景图

8.4　对生成的背景图进行优化

由于在图像生成的过程中选择了指定的模型和风格来引导，以及海艺 AI 对提示词的理解程度有限，所以生成的图像不一定会完全符合用户的期望。如果用户对生成的图像效果不满意，可以通过修改提示词和负标签、修改基础参数等方法，对图像进行优化。

（1）修改提示词，将分辨率等要求添加进提示词内，重新生成图像，如图 8-11 所示。可以看到在提示词限制下生成图像的画质和清晰度会比原先更好。

图 8-11　修改提示词优化图像

（2）通过修改所选模型和图像风格对图像进行优化修改。这个方法会重新生成不同风格的图像，如图 8-12 所示。

（3）单击图片预览界面的【U 创意超分】按钮对图像进行超分变体，如图 8-13 所示，可以在保留原图主要元素的基础上进行画质提升，结果如图 8-14 所示。

图 8-12　修改模型风格

图 8-13　超分变体优化

图 8-14　优化结果

📖 **练习与实践**

一、选择题

1. 海艺 AI 是由哪家公司开发的？（　　　）

A. 腾讯　　　　　　　　　　B. 阿里巴巴

C. 百度　　　　　　　　　　D. 成都海艺互娱科技有限公司

2. 海艺AI的图像生成功能支持哪种模式？（　　）

A. 文生图　　　B. 语音生图　　　C. 视频生图　　　D. 文本转语音

3. 在海艺AI中，用户可以通过什么方式快速生成图像？（　　）

A. 手动绘制　　B. 选择预设模板　　C. 输入关键词　　D. 上传参考图像

4. 如何确保海艺AI生成图像的一致性？（　　）

A. 调整模型参数　　　　　　B. 使用相同的随机种子

C. 多次尝试生成　　　　　　D. 增加输入关键词

5. 在图像生成中，哪个因素可能影响生成图像的质量？（　　）

A. 训练数据的质量　　　　　B. 计算机的型号

C. 显示器的大小　　　　　　D. 键盘的舒适度

二、任务实践

通过对本任务的学习，你应该掌握了海艺AI的基本使用方法，熟悉了使用海艺AI进行活动背景图制作的基本流程，请参照本任务内容，以图生图的方式制作一张以"创新未来"为主题的科技活动背景图，背景图要求如下。

> 1. 主题明确：背景图应明确体现"创新未来"这一主题。可以使用象征创新、进步和科技发展的元素，如创新的图标、电路图、科技设备、太空探索等。
>
> 2. 色彩搭配：选择明亮、现代且富有科技感的色彩搭配，如蓝色、紫色、银色或橙色等。这些色彩可以突出活动的未来感和创新氛围。
>
> 3. 简洁大方：背景图应简洁明了，避免过于复杂的图案和元素。保持整体设计的清晰度和易读性，以便能够轻松理解活动的主题。
>
> 4. 创意元素：鼓励使用创意元素，如抽象的形状、光线效果或动态图形，以突出活动的创新性和独特性。这些元素可以激发员工的创造力和创新意识。

扫一扫，
看微课

使用海艺AI制作
活动背景图

任务9　视频生成之使用腾讯智影制作作品解说视频

学习目标

（1）了解腾讯智影的相关信息；

（2）了解腾讯智影的主要功能；

（3）会使用腾讯智影进行文字转视频任务。

腾讯智影：AI 智能创作助手——
文生视频，引领青年创意与技术
的融合之旅

任务背景

小王是一个在某短视频平台上拥有不少粉丝的自媒体博主，为了能够让自己的视频得到更多网友的喜欢，小王准备在创作视频的时候使用 AI 工具生成视频。小王听说腾讯智影是一个非常优秀的大语言模型，于是决定尝试使用腾讯智影来为自己制作短视频。

视频文案如下：

> ### 解读《高效能人士的七个习惯》
>
> 《高效能人士的七个习惯》这本书深入剖析了成功人士的核心素质与行为习惯，为追求个人成长与卓越发展提供了宝贵的指导。书中提出的七个习惯，不仅相互关联、层层递进，更构成了一个完整的个人成长体系。
>
> 首先，积极主动是高效能人士的基石。他们不等待命运的安排，而是主动出击，以积极的心态面对生活中的挑战与机遇。这种态度让他们能够把握自己的命运，实现自我成长。
>
> 其次，以终为始的习惯让他们始终明确自己的目标与愿景。他们清楚知道自己想要的是什么，从而制订出切实可行的计划，确保每一步都朝着目标前进。

这种自我领导的能力，让他们能够在纷繁复杂的世界中保持清醒的头脑，坚定前行。

再者，要事第一的习惯让他们能够高效地管理时间与精力。他们懂得区分重要与紧急的事情，将有限的资源投入到真正重要的事情上。这种习惯让他们能够摆脱琐事的纠缠，专注于实现自己的目标与梦想。

双赢思维则是高效能人士在人际交往中的核心原则。他们寻求双方都能获益的解决方案，尊重并理解他人的需求与利益。这种思维方式让他们能够建立良好的人际关系，实现共赢的局面。

知彼解己的习惯则强调了在沟通中的重要性。高效能人士在表达自己观点的同时，也注重倾听与理解他人。他们通过深入了解对方的需求与感受，建立起深厚的信任与理解，从而更有效地解决问题。

统合综效的习惯让他们能够整合各种资源与观点，创造出超越个体的更大价值。他们尊重差异、欣赏多样性，通过团队协作与集体智慧实现更高的效能与成果。

最后，不断更新是高效能人士持续成长的关键。他们在身体、精神、智力和情感四个方面不断投资自己，保持与时俱进的状态。这种持续学习的精神让他们能够不断超越自我，实现更高的成就。

综上所述，《高效能人士的七个习惯》为我们提供了一套完整的个人成长与高效能管理的指南。通过培养和实践这些习惯，我们可以更好地管理自己、与他人建立良好的关系，并达成个人和团队的目标。这些习惯不仅适用于个人成长，也对企业管理和团队协作具有重要的指导意义。

任务分析

在本任务中，需要借助腾讯自主研发的大语言模型——腾讯智影进行短视频作品的制作，在这个过程中工程师需要掌握腾讯智影大语言模型的使用方法，具体任务流程如下：

（1）注册腾讯内容开放平台账号；

（2）绑定发布账号，申请腾讯视频版权素材授权；

（3）输入文章内容，设置视频参数；

（4）对初步生成的视频进行剪辑。

相关知识

腾讯智影是腾讯开发的一款智能影像处理工具，它以卓越的技术实力和丰富的产品特色在业界脱颖而出。该产品特色鲜明，拥有强大的视频剪辑、特效添加、字幕配音等功能，用户可轻松打造出高质量的影片，并可以定制专属的数字人形象和音色。此外，腾讯智影还提供了海量的模板素材供用户选择，并依托腾讯完善的版权基础，进一步提高了用户的生产效率。

9.1　腾讯智影功能介绍

腾讯智影是一款功能强大的智能影像处理工具，为用户提供了全方位的影片制作解决方案。它具备高效的视频剪辑功能，用户可以轻松对影片进行精准剪辑，打造流畅的故事线。同时，腾讯智影还提供了丰富的特效和滤镜选项，让影片更具视觉冲击力。此外，它还支持字幕添加和配音功能，满足用户多样化的创作需求。腾讯智影还结合人工智能技术，实现智能场景识别、人物跟踪等高级功能，让影片制作更加智能化和便捷化。无论是专业影视制作人员还是普通用户，腾讯智影都能满足他们的创作需求，带来出色的影片制作体验。腾讯智影的主要功能如图 9-1 所示。

9.2　通过视频剪辑功能使用腾讯智影

腾讯智影的视频剪辑功能既专业又高效，它支持多轨道编辑，让用户能够轻松实现复杂的剪辑效果。同时，丰富的特效、转场和编辑工具让视频过渡更加自然流畅。此外，腾讯智影还提供了庞大的素材库，用户可以快速添加所需素材，节省寻找时间。值得一提的是，腾讯智影的 AI 能力也为视频剪辑带来了极大的便利，如文本朗读、字幕识别和音乐踩点等功能，使视频更专业。用户还可以实时预览剪辑效果，并轻松导出为多种格式。腾讯智影的视频剪辑界面如图 9-2 所示。

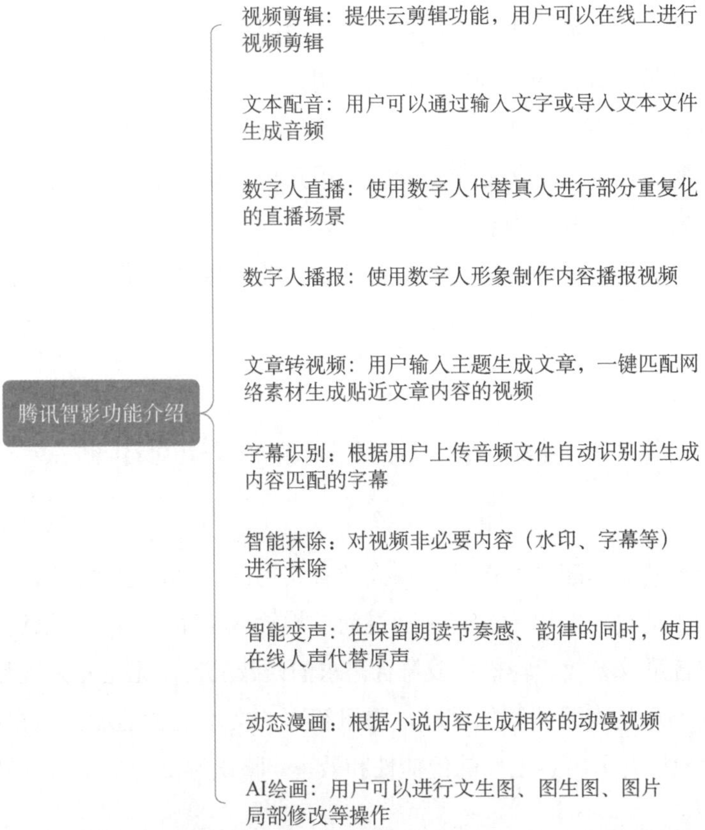

腾讯智影功能介绍
视频剪辑：提供云剪辑功能，用户可以在线上进行视频剪辑
文本配音：用户可以通过输入文字或导入文本文件生成音频
数字人直播：使用数字人代替真人进行部分重复化的直播场景
数字人播报：使用数字人形象制作内容播报视频
文章转视频：用户输入主题生成文章，一键匹配网络素材生成贴近文章内容的视频
字幕识别：根据用户上传音频文件自动识别并生成内容匹配的字幕
智能抹除：对视频非必要内容（水印、字幕等）进行抹除
智能变声：在保留朗读节奏感、韵律的同时，使用在线人声代替原声
动态漫画：根据小说内容生成相符的动漫视频
AI绘画：用户可以进行文生图、图生图、图片局部修改等操作

图 9-1　腾讯智影功能介绍思维导图

腾讯智影
未命名草稿
已保存
生成副本
分享
当前使用
我的资源
我的资源
在线素材
模板库
数字人库
贴纸库
点击或拖拽上传文件
本地上传
手机上传
录制

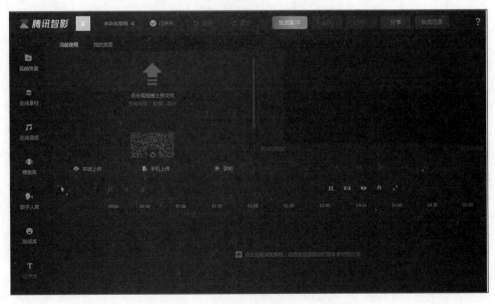

图 9-2　腾讯智影的视频剪辑界面

通过视频剪辑功能，用户可以在线轻松完成视频剪辑工作，举例如下：

（1）通过腾讯智影的视频剪辑功能，用户可以在线上完成因本地硬件资源不足无法完成的视频剪辑工作；

（2）在腾讯智影的视频剪辑功能中，用户可以调用诸多在线视频资源和音频资源，来丰富自身的视频内容；

（3）腾讯智影的视频剪辑功能配备了强大的特效库，用户可以轻松制作炫酷的视频效果。

9.3　通过文本配音功能使用腾讯智影

腾讯智影的文本配音功能是一项高效且实用的工具，它允许用户将文字内容快速转化为生动自然的语音配音。通过简单地输入文本，用户可以选择不同的音色、语速和音量等参数，轻松生成符合需求的语音配音。无论是为视频添加旁白、制作有声读物还是为课件添加讲解，腾讯智影的文本配音功能都能帮助用户轻松实现，极大地提升了内容创作的便捷性和效率。腾讯智影的文本配音界面如图9-3所示。

图 9-3　腾讯智影的文本配音界面

通过文本配音功能，用户可以轻松为多媒体内容添加生动、自然的语音配音，举例如下：

（1）通过文本配音功能，用户可以将文本转换成流利的口语音频，让视频更大众化；

（2）在文本配音功能中，用户可以选择方言音色，生成流利的方言音频，针对性生成符合地区方言习惯的视频；

（3）通过文本配音功能的多发音人音色设置，可以将文本以不同的音色进行播报，形成多人对话的效果。

9.4 通过文章转视频功能使用腾讯智影

腾讯智影的文章转视频功能，为用户带来前所未有的创意表达体验。通过简单的操作，用户即可将文字内容转化为生动视频，实现文字与画面的完美结合。这一功能不仅降低了视频制作的难度，还丰富了内容的表现形式。同时，腾讯智影提供了丰富的素材库和智能剪辑模板，能帮助用户轻松创作出高质量的视频作品。总的来说，腾讯智影的文章转视频功能以其强大的实用性和便捷性，为内容创作者带来了全新的创作体验，让文字内容焕发新生，以更具吸引力的视频形式呈现给用户。

腾讯智影的文章转视频界面如图 9-4 所示。

图 9-4 腾讯智影的文章转视频界面

通过文章转视频功能，用户可以轻松将文章转化成生动有趣的短视频，智能地生成包含文字、背景音乐和画面切换效果等在内的视频作品。

任务实践

9.1 注册腾讯内容开放平台账号

在使用腾讯智影的文章转视频功能时，因为需要使用腾讯视频素材作为视频生成的素材来源，所以我们在使用这个功能之前需要先进行账号的注册与绑定，从而申请腾讯视频素材的授权使用。

（1）在腾讯智影首页中选择【文章转视频】选项，直接进入文章转视频界面，在进入界面后会提示我们需要获取腾讯视频版权素材的授权，如图9-5所示。

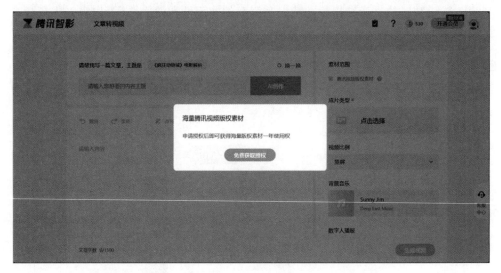

图9-5 授权提示

（2）单击【免费获取授权】按钮，进入账号绑定界面进行账号绑定，如图9-6所示。

（3）单击【绑定发布账户】按钮，进入【企鹅号授权】界面，如图9-7所示。

（4）如果用户之前注册过企鹅号则可以进行扫码登录，若是没有注册过则单击【立即注册企鹅号】按钮，这里使用注册企鹅号的社交账号进行扫码登录，如图 9-8 所示。

（5）使用社交账号进行企鹅号注册，登录进入【选择主体类型】界面，如图 9-9 所示。

图 9-6　账号绑定界面

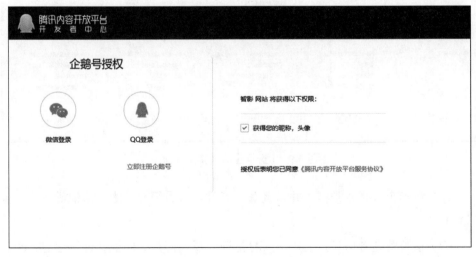

图 9-7　【企鹅号授权】界面

图 9-8　企鹅号登录界面

图 9-9　【选择主体类型】界面

（6）选择个人账号类型，并设置账号名称、账号简介、账号头像等内容，如图 9-10 所示。

（7）填写管理者信息，上传个人身份证正反面照片、职业认证等信息，单击【提交】按钮，等待平台审核即可，如图 9-11 所示。

图 9-10　设置账号信息

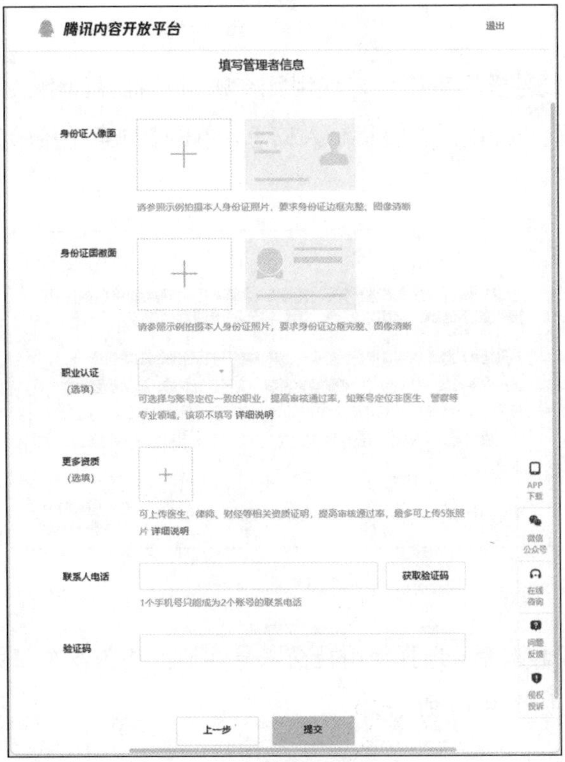

图 9-11　填写管理者信息

（8）等待平台审核通过之后，腾讯内容开放平台就会发来通知，提醒账号通过资质审核，如图9-12所示。

图 9-12　账号资质审核通过

9.2　绑定发布账号，申请腾讯视频版权素材授权

在完成腾讯内容开放平台账号的注册之后，我们就可以重新进行账号绑定操作。

（1）在完成账号资质审核后，使用社交账号扫描界面中二维码授权登录时，需要进行身份校验和授权同意收集个人信息，单击【同意并校验】按钮，如图9-13所示。

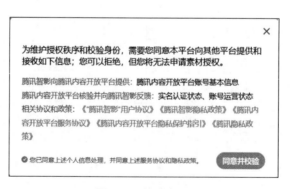

图 9-13　校验身份

（2）通过身份校验后，选择使用社交账号注册的相关发布账号进行绑定，单击【下一步】按钮，如图9-14所示。

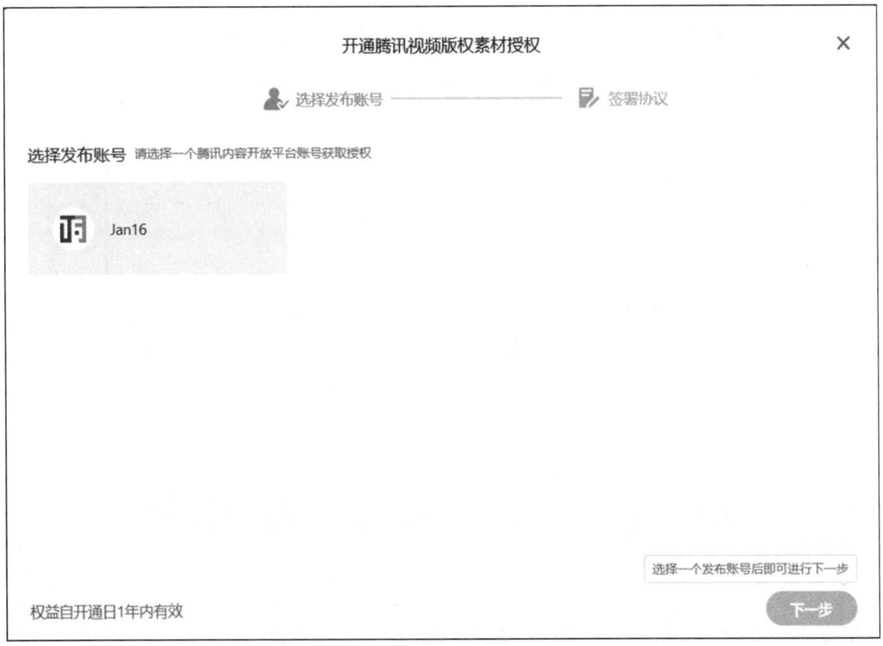

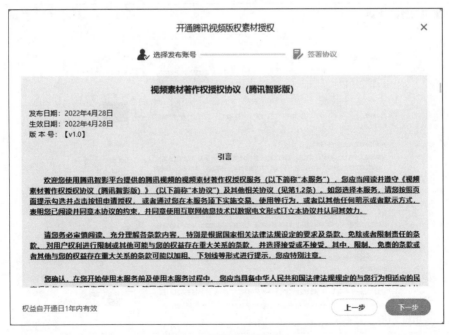

图 9-14　选择绑定的发布账号

（3）进入视频素材著作权授权协议签署界面，完整浏览协议后，勾选同意选项，单击【下一步】按钮进行账号授权，如图 9-15 所示。

图 9-15　浏览并签署协议

（4）腾讯内容开放平台账号开通授权，授权有效期也会一同显示，如图9-16所示。

图 9-16　账号开通授权

9.3　输入文章内容，设置视频参数

在文章转视频界面中，用户可以直接输入文章主题到输入框内，让腾讯智影直接生成一篇文章，也可以将准备的文章内容进行内容扩充和缩写。

（1）获取素材授权后，返回腾讯智影首页，单击【文章转视频】，将任务背景中提供的文章内容输入到文章内容框中，如图9-17所示。

图 9-17　输入文章内容

（2）选择成片类型，成片类型是腾讯智影用来匹配文章内容对应视频素材的依据。在文章转视频界面的右侧，用户可以根据文章的内容选择合适的成片类型进行素材匹配，如图 9-18 所示。

图 9-18　选择成片类型

（3）设置视频比例，在文章转视频界面的右侧，用户可以根据视频预期的播放平台选择视频比例为横屏或竖屏，如图 9-19 所示。

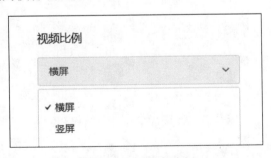

图 9-19　设置视频比例

（4）添加背景音乐，一个优秀的短视频中往往会添加一段引人入胜的背景音乐来加深观众对视频的印象。在文章转视频界面的右侧，用户可以根据文章类型选择合适的背景音乐添加到视频中，如图 9-20 所示。

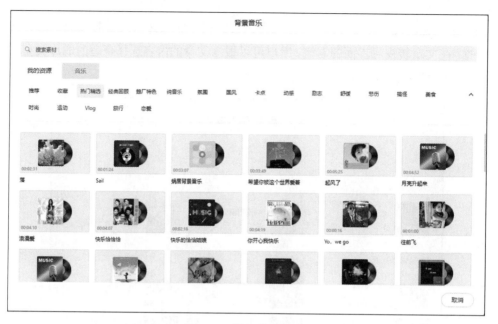

图 9-20　添加背景音乐

（5）选择视频配音音色，在文章转视频界面的右侧，用户可以根据个人喜好选择中意的朗读音色作为视频的配音音色，如图 9-21 所示。

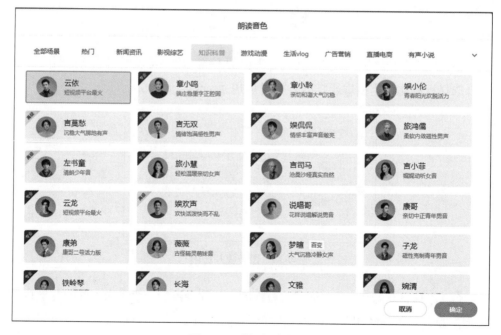

图 9-21　选择朗读音色

9.4　对初步生成的视频进行剪辑

（1）在完成细节参数调整，试听体验合格后，即可单击文章转视频界面右下角的【生成视频】按钮，生成短视频，如图 9-22 所示。

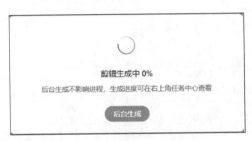

图 9-22　等待音频生成

（2）在视频生成之后，系统会自动跳转到视频剪辑界面中，在这个界面中用户可以对视频进行预览和素材剪辑，如图 9-23 所示。

图 9-23　视频剪辑界面

（3）调整视频素材，通过预览视频，用户可以更直观地发现视频素材之间存在的问题，如背景音乐与视频配音之间是否融洽等问题，还可以在界面左侧导航栏中选择【在线素材】选项为视频添加片头片尾等素材，如图 9-24 所示。

图 9-24 在线素材界面

（4）设置背景音乐与视频配音的音量大小，用户可以根据视频预览效果对视频配音进行调整，如音量大小、淡入淡出时间等，如图 9-25 所示。

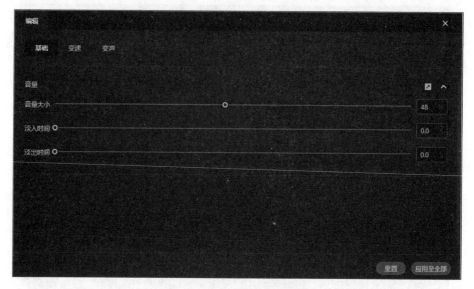

图 9-25 调整视频配音参数

（5）导出视频，在完成一系列的视频剪辑操作后，用户可以通过单击视频剪辑界面上方的【合成】按钮进行视频合成，在视频合成完毕后用户可以在【我的资源】列表中进行查看与下载视频，如图 9-26 所示。

图 9-26 【我的资源】列表

练习与实践

一、选择题

1. 腾讯智影是由哪家公司开发的？（　　　）

A. 阿里巴巴 　　　　　　　　　　 B. 字节跳动

C. 腾讯 　　　　　　　　　　　　 D. 百度

2. 腾讯智影主要是一款什么类型的工具？（　　　）

A. 社交软件 　　　　　　　　　　 B. 办公软件

C. 影像处理工具 　　　　　　　　 D. 游戏平台

3. 在腾讯智影中，以下哪项功能可以帮助用户添加特效到视频中？（　　　）

A. 字幕添加 　　　　　　　　　　 B. 滤镜选择

C. 配音功能 　　　　　　　　　　 D. 文本识别

4. 腾讯智影的字幕编辑功能允许用户进行哪些操作？（　　　）

A. 改变字幕颜色 　　　　　　　　 B. 调整字幕出现时间

C. 添加字幕动画效果 　　　　　　 D. 以上选项都可以

5. 以下哪个不是腾讯智影的主要优势？（　　　）

A. 功能丰富多样 　　　　　　　　 B. 操作简单易用

C. 仅支持 Windows 系统 　　　　 D. 结合人工智能技术

二、任务实践

通过对本任务的学习，你应该掌握了腾讯智影的基本使用方法，熟悉了使用腾讯智影进行配音制作的基本流程，下面请参照本任务内容，使用文本配音功能制作一段视频配音，配音文本如下：

提高办公效率的方法

在现代社会中，办公效率直接关系到企业或个人的成功和发展。因此，如何提高办公效率成为很多人关心的问题。以下是一些实用的方法。

1. 合理规划时间：排除一些杂乱无章的事务，按照重要性和紧急度安排工作，制订明确的目标和计划。在这个过程中可以使用一些时间管理工具来帮助提高效率，比如番茄工作法。

2. 展开有效沟通：学会合理的沟通方式，建立良好的沟通渠道，与同事充分沟通，确保每个人都拥有清晰的工作责任和任务目标。这不仅可以减少对工作时间的浪费，还可以促进团队的凝聚力和效率。

3. 科技助力：随着信息技术的不断进步，科技工具如电子邮件、社交工具、云存储等工具早已经成为便捷的工具，通过将它们有效地运用在工作中，可以大大提高效率。例如，使用电子邮件代替传统的邮寄信函，通过社交工具分享工作趣事，使用云存储加速资料传递等。

4. 精细化管理：通过科学管理方式、建立完善的工作流程和标准化管理机制、将工作分配给具有技能和资格的人，尽可能减少操作错误和时间浪费，这种精细化管理可以使团队更加团结和高效。

5. 健康管理：低效率工作往往是由于身体和心理状况差所造成的。因此，保持良好的身体状态和健康心理，对提高办公效率和工作质量都是有帮助的。例如，每天进行适当的体育锻炼，保持良好的睡眠习惯，让自己保持放松的心态等。

总之，提高办公效率有很多方法，只要我们制订有效的计划和适当管理团队，合理利用工具和资源，保持良好的身体和心态，就可以在工作中提高效率和质量。

扫一扫，
看微课

短视频

任务 10　视频生成之使用万彩 AI 生成产品简介视频

素质拓展

中国无人战场机器人军团：
仿生机器狗与无人机的智慧协作

任务背景

小王是一名人工智能工程师，为了让用户更好地体验到人工智能对生活生产的影响，小王打算使用人工智能生成一个简短的人工智能技术介绍视频。小王听说万彩 AI 可以生成视频，于是决定尝试，视频文案如下：

人工智能概述

开场白：

人工智能如同科技界的璀璨明珠，闪耀着智慧的光芒。它正以强大的魔法力量，重塑我们的生活方式和工作模式。

核心文案：

该技术的核心在于其深度学习和算法优化的能力。它拥有强大的感知和理解能力，能够识别图像、视频，理解语言，在各行各业中发挥着不可或缺的作用，提高生产效率，优化工作流程，为我们的生活带来前所未有的便利。

结尾：

展望未来，人工智能技术将继续引领科技潮流，开启智慧新时代，让我们共同期待它带来的更多惊喜与变革。

任务分析

在本任务中，需要借助广州万彩信息技术有限公司自主研发的大语言模型——万彩 AI 进行视频作品的制作，在这个过程中用户需要掌握万彩 AI 的使用方法，具体任务流程如下：

（1）选择合适的 AI 短视频模板；

（2）按照操作指导，输入文案内容；

（3）根据用户习惯，设置视频内容及参数；

（4）合成视频并保存。

相关知识

万彩 AI 是由业内领先的广州万彩信息技术有限公司推出的高效智能辅助工具，其运用先进的深度学习算法，实现对海量数据的智能分析处理，同时支持高度定制化和跨平台应用。万彩 AI 的界面简洁易用，性能高效稳定，更有专业的客户服务支持，为用户带来流畅且无忧的使用体验。无论是个人还是企业用户，万彩 AI 都是值得一试的优秀选择。万彩 AI 首页如图 10-1 所示。

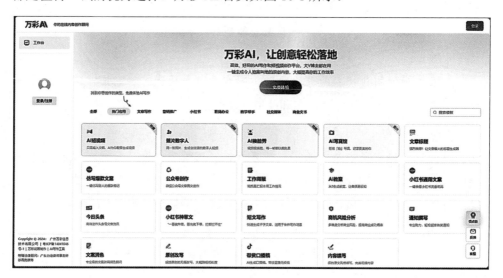

图 10-1　万彩 AI 首页

10.1　万彩 AI 功能介绍

万彩 AI 是一款功能强大的人工智能软件，集语音识别、文字识别、图像识别功能于一体。它可以帮助用户快速完成各种任务，如语音转文字、文字转语音、图片转文字等。万彩 AI 的优势在于其操作简便，无须专业知识，任何人都可以轻松上手。

在视频生成方面，万彩 AI 提供了丰富的应用场景和便捷的操作方式。用户只需选择使用场景，填入相应的关键词，就能快速生成一个或多个结果。无论是商业文书撰写、文章创作、教学辅助，还是营销推广、社交媒体内容制作，万彩 AI 都能满足用户的需求。万彩 AI 的主要功能如图 10-2 所示。

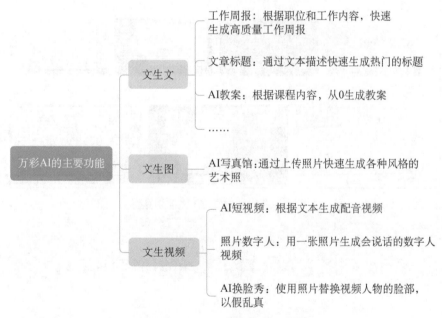

图 10-2　万彩 AI 主要功能思维导图

10.2　通过 AI 短视频功能使用万彩 AI

万彩 AI 的 AI 短视频功能是一项非常强大且实用的技术，它能够在短时间内

轻松制作出专业级的视频。通过该功能，用户无须复杂的操作，只需输入文案，AI
便能自动配音并生成视频。整个过程简洁高效，即使是零基础的用户也能制作出具
有炫酷效果的短视频。

此外，AI 短视频功能还支持添加特效、音乐和字幕等，一键成片，使制作出
的视频更具观赏性和吸引力。用户还可以根据需求进行个性化设置，调整视频的参
数和效果，以满足不同的创作需求。万彩 AI 的 AI 短视频界面如图 10-3 所示。

图 10-3　万彩 AI 的 AI 短视频界面

10.3　通过照片数字人功能使用万彩 AI

万彩 AI 的照片数字人功能是一项基于先进图像处理和人工智能技术开发的
创新应用，它能够将用户的照片转化为高度逼真的数字人形象。通过精细化的图像
处理算法和深度学习技术，该功能能够捕捉到用户面部的微妙细节，生成具有丰富
表情和生动眼神的数字人，使得数字人形象在视觉上与真实人物几乎无异。

使用万彩 AI 的照片数字人功能，用户只需上传自己的照片，并按照系统指引
进行操作，即可快速生成个性化的数字人。数字人生成后，系统会自动删除用户上

传的照片，不做任何数据留存。万彩 AI 的照片数字人界面如图 10-4 所示。

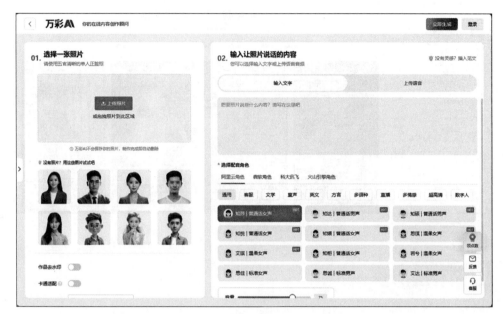

图 10-4　万彩 AI 的照片数字人界面

10.4　通过 AI 换脸秀功能使用万彩 AI

万彩 AI 的 AI 换脸秀功能是一项基于深度学习技术开发的创新应用，其精准度和真实感令人赞叹。通过运用先进的算法和图像处理技术，该功能能够精确捕捉用户的脸部特征，并将其与目标影像进行高效匹配，从而实现高质量的换脸效果。

在万彩 AI 的 AI 换脸秀界面中，用户不仅能够体验到技术带来的便捷与高效，更能感受到艺术创作的无限可能。该功能提供了丰富多样的模板和自定义选项，用户可以根据自己的喜好和需求，轻松选择并调整换脸效果，实现个性化的艺术创作。

此外，万彩 AI 的 AI 换脸秀功能还注重用户体验的舒适性和流畅性。其简洁明了的操作界面和快速响应的系统性能，使得用户能够轻松上手并享受换脸的乐趣。无论是短视频制作还是实时场景互动，该功能都能为用户提供流畅、稳定的换脸体验。万彩 AI 的 AI 换脸秀界面如图 10-5 所示。

图 10-5　万彩 AI 的 AI 换脸秀界面

任务实践

10.1　选择合适的 AI 短视频模板

选择合适的 AI 短视频模板是制作高质量短视频的关键步骤之一，通过选择合适的短视频模板可以大大减少用户制作视频的时间。用户可以在不同的 AI 剪辑模式下选择合适的模板生成短视频。

（1）进入万彩 AI 首页，登录平台，如图 10-6 所示。

图 10-6　万彩 AI 首页

（2）在万彩 AI 首页中选择【AI 短视频】选项，直接进入【选择 AI 剪辑模式】界面，选择【AI 文字动画】模式，如图 10-7 所示。

图 10-7　【选择 AI 剪辑模式】界面

（3）在万彩 AI 的 AI 短视频界面中选择自己想要的模板作为视频生成的样式模板，如图 10-8 所示。

图 10-8　选择视频模板

10.2 按照操作指导，输入
文案内容

（1）根据文案内容，将其拆分成不同部分，分别填充到【片头开场白】【视频文案】【片尾结束语】文本框中，并根据视频风格设置标题样式和文案字体，如图 10-9 所示。

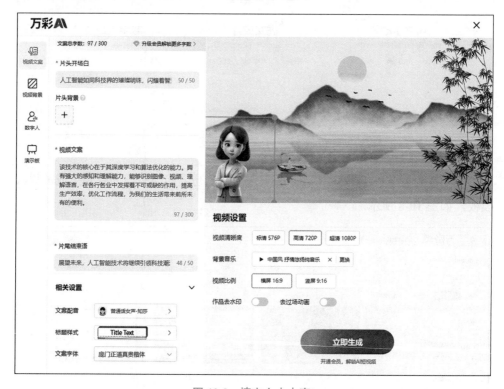

图 10-9 填充文本内容

（2）根据视频风格在【文案配音】界面中修改配音语速与音量等参数，如图 10-10 所示。

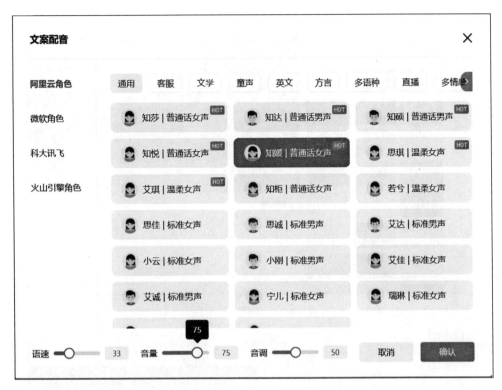

图 10-10　修改配音参数

10.3　根据用户习惯，设置视频内容及参数

（1）在视频生成过程中，我们可以选择符合视频风格的图片作为视频的背景，单击万彩 AI 首页左侧导航栏中【视频背景】可以选择不同的背景图片进行添加，如图 10-11 所示。

（2）在视频生成过程中，我们可以选择喜欢的数字人作为视频播报的主体，增加视频的趣味性，如图 10-12 所示。

（3）在视频生成过程中，我们可以添加演示架作为文内展示的背景，进一步突出文案内容，如图 10-13 所示。

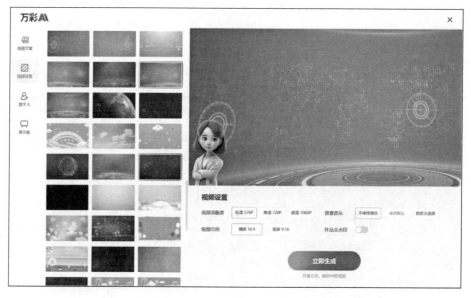

图 10-11　选择背景图片

图 10-12　选择数字人

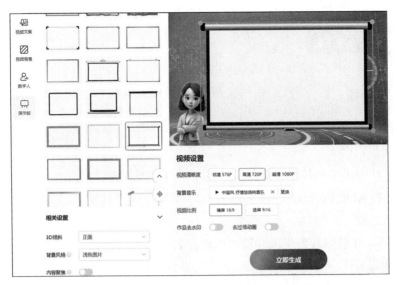

图 10-13　添加演示架

10.4　合成视频并保存

（1）在图 10-13 中单击【立即生成】按钮，进行 AI 视频生成，耐心等待视频合成后即可下载保存，需要注意的是，生成的短视频在平台内只能保存一天，过期将无法下载或二次编辑，如图 10-14 所示。

图 10-14　视频生成完毕

练习与实践

一、选择题

1. 万彩 AI 是由哪家公司开发的？（　　　）
A. 阿里巴巴 　　　　　　　　　　 B. 腾讯
C. 广州万彩信息技术有限公司 　　 D. 字节跳动

2. 万彩 AI 的核心技术主要基于什么？（　　　）
A. 云计算 　　 B. 人工智能 　　 C. 区块链 　　 D. 大数据

3. 万彩 AI 的照片数字人功能可以做什么？（　　　）
A. 图片美化 　　　　　　　　　　 B. 视频剪辑
C. 将照片转化为数字人形象 　　　 D. 文字识别

4. 万彩 AI 的 AI 写作功能主要帮助用户完成什么任务？（　　　）
A. 视频剪辑 　　 B. 内容创作 　　 C. 图片处理 　　 D. 数据分析

5. 万彩 AI 的语音合成功能支持哪些语言？（　　　）
A. 仅支持中文 　　 B. 仅支持英文 　　 C. 支持多种语言 　　 D. 不支持语音合成

二、任务实践

通过对本任务的学习，你应该掌握了万彩 AI 的基本使用方法，熟悉了使用万彩 AI 生成产品简介视频的基本流程，下面请参照本任务内容，根据下面所提供的文案内容使用万彩 AI 生成一段产品介绍视频。文案如下：

> 大家好，我是小王，我要向大家介绍我们最新的课程产品"人工智能通识课——AIGC"。本资源是一门面向全校学生的公共课程，旨在帮助学生了解生成式人工智能的基本概念、技术原理和应用领域。课程内容涵盖了生成式人工智能的发展历程、基本理论和方法，以及在各个领域的应用实例。通过本课程的学习，学生能够掌握人工智能的基本知识，提高对新兴技术的认识和理解能力，培养创新思维和跨学科交流的能力。

万彩 AI 制作
产品简介

扫一扫，
看微课

任务11　辅助阅读之使用Kimi AI进行多文本阅读

学习目标

（1）了解 Kimi AI 的基本信息；

（2）了解 Kimi AI 的主要功能；

（3）会使用 Kimi AI 进行多文本阅读。

素质拓展

Kimi–AI：创新引领，打造
"中国版 OpenAI"，共筑
科技强国梦

任务背景

小王在新学期的人工智能通识课上学习到了利用人工智能进行高效阅读这一课程内容，为了进一步了解这一技术的原理并熟练掌握实际操作，小王计划使用 Kimi AI 在同一时间进行多个文本阅读的任务。任务要求如下：

> 本任务将提供三篇关于人工智能领域的文章，请使用 Kimi AI 的长文本阅读功能，一次性获取三篇文章的内容摘要，并回答以下问题。
>
> 1. 人工智能技术发展的三大基石是什么？
>
> 2. 国务院国资委在推动中央企业人工智能发展方面有哪些具体措施？
>
> 3. 生成式人工智能服务的基本规范包括哪些内容？
>
> 4. 在人工智能应用研究中，为什么需要多学科交叉融合？
>
> 5. 如何平衡人工智能的创新发展与监管？

任务分析

在本任务中，需要借助北京月之暗面科技有限公司自主研发的大语言模型——Kimi AI 进行多文本阅读，在这个过程中用户需要掌握 Kimi AI 的使用方法，具体任务流程如下：

（1）登录 Kimi AI，进入 Kimi AI 首页；

（2）上传准备好的文档，让 Kimi AI 进行分析解读；

（3）根据任务要求进行针对性提问；

（4）对获取的问题答案进行准确性验证。

相关知识

Kimi AI 是由北京月之暗面科技有限公司（Moonshot AI）推出的一款智能助手产品。该产品基于人工智能技术，具备较强的多语言能力，尤其擅长中文和英文的对话。Kimi AI 的主要目的是帮助用户解决问题、提供信息和协助处理各种任务。Kimi AI 首页如图 11-1 所示。

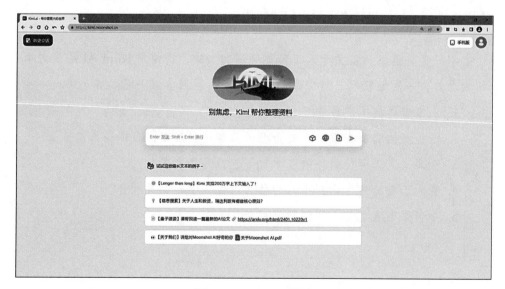

图 11-1　Kimi AI 首页

11.1　Kimi AI 功能介绍

Kimi AI 的核心优势在于其超大的"内存"，能够支持输入长达 20 万汉字的上下文，这在目前全球市场上能够产品化使用的大语言模型服务中处于领先水平。这一特性使得 Kimi AI 能够更深入地理解用户的意图和上下文，从而提供更加精准和个性化的回复。

除了多语言支持和超长上下文输入，Kimi AI 还具备实时互动和文件处理功能。用户可以随时向 Kimi AI 提问或寻求帮助，而 Kimi AI 会提供实时的在线交流功能，确保用户能够及时得到回复。此外，用户还可以将各种格式的文件发送给 Kimi AI，如 TXT、PDF、Word 文档，PPT 幻灯片和 Excel 电子表格等，Kimi AI 会阅读相关内容后回复用户。Kimi AI 的主要功能如图 11-2 所示。

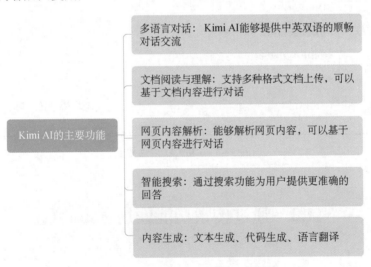

图 11-2　Kimi AI 主要功能思维导图

11.2　通过对话功能使用 Kimi AI

Kimi AI 的对话功能基于先进的自然语言处理技术和深度学习算法，使其能够识别并解析用户输入的文本，理解其中的语义和上下文信息。对话功能还支持多轮对话，能够持续跟踪并理解用户的对话内容。这意味着用户可以在一个对话中连续提出多个问题或展开深入的讨论，而 Kimi AI 能够保持对话的连贯性和深度，为用户提供更好的交互体验。

　　用户可以在 Kimi AI 首页中直接输入文本进入 Kimi AI 对话界面，如图 11-3 所示。

图 11-3　Kimi AI 对话界面

11.3　通过搜索功能使用 Kimi AI

　　Kimi AI 能够迅速理解用户的搜索意图。无论是通过输入文本还是发出语音指令，Kimi AI 都能准确捕捉用户的关键信息和需求，从而为用户提供精准的搜索结果。

　　Kimi AI 的搜索功能具有广泛的覆盖范围。它能够搜索互联网上的各种资源，包括网页、图片、视频、文档等，满足用户多样化的搜索需求。Kimi AI 的搜索功能如图 11-4 所示。

图 11-4   Kimi 的搜索功能

11.4   通过长文本阅读功能使用 Kimi AI

Kimi AI 的长文本阅读功能是一项高效且智能的服务，它能够迅速解析长篇文档中的关键信息，并自动生成简洁明了的摘要，节省用户的阅读时间。同时，该功能还支持多轮对话和上下文理解，确保用户在阅读过程中能够随时提出问题并获得准确解答。此外，Kimi AI 还具备高度的可扩展性和可定制性，用户可以根据个人需求对阅读功能进行个性化设置。总之，Kimi AI 的长文本阅读功能为用户提供了便捷、个性化的阅读体验，是处理长篇文档的理想选择。

用户可以通过单击输入框右侧的上传文档图标上传文档，Kimi AI 支持用户同时上传最多 50 个，单个大小为 100MB 的文档，并且同时进行内容理解、概括，如图 11-5 所示。

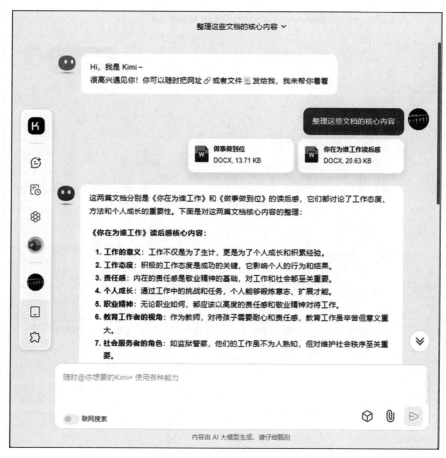

图 11-5　Kimi AI 同时阅读多个文档

任务实践

11.1　登录 Kimi AI

（1）进入 Kimi AI 首页，并登录平台，如图 11-6 所示。

（2）在 Kimi AI 首页的对话框中输入任意文本内容，进入 Kimi AI 对话界面，如图 11-7 所示。

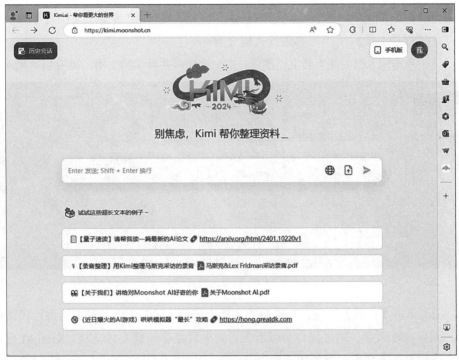

图 11-6　Kimi AI 首页

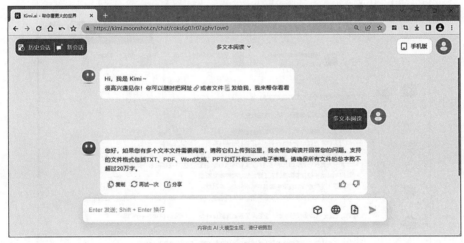

图 11-7　Kimi AI 对话界面

11.2　上传准备好的文档，让 Kimi AI 进行分析解读

Kimi AI 拥有强大的自然语言处理能力和无损超长记忆，可以一口气精读大量

文本。在使用Kimi AI进行文本阅读时，用户可以一次性上传多个文档进行解析精读，并可以基于所有文档内容进行人机交互。

（1）单击输入框右侧上传文档图标，批量选择需要解读的文档，如图11-8所示。

图11-8　批量上传文档

（2）单击【打开】按钮，将选中的文档上传到Kimi AI中，对文档进行精读解析，如图11-9所示。通过操作可以看到，如果只是单纯地上传文档，Kimi AI会自动补充要求概括文档内容的提示词。

图11-9　对文档进行精读解析

11.3　根据任务要求进行针对性提问

根据任务要求对 Kimi AI 进行提问，获取问题答案。对话如下：

我：

人工智能技术发展的三大基石是什么？

Kimi AI：

人工智能技术发展的三大基石是：

算料：指的是用于人工智能算法训练的数据资源。这包括打破数据壁垒，建立开放共享的多模态数据标准和大数据中心，构建合理高效的知识图谱。

算力：涉及执行人工智能算法所需的计算资源。这包括构建统一的算力调度平台，以避免政府和企业无序投入，确保算力资源的高效利用。

算法：是人工智能系统的核心，包括各种机器学习模型和技术。这需要加强基础研究，培养更多富有创新精神的高素质人才，并发挥新型举国体制作用，集中科研攻关关键技术。

这三大基石共同支撑着人工智能技术的持续进步和应用的广泛性。

……

……省略部分问答……

……

我：

如何平衡人工智能的创新发展与监管？

Kimi AI：

平衡人工智能的创新发展与监管是一个复杂的过程，需要综合考虑技术进步、社会影响、伦理道德和法律法规等多个方面。以下是一些关键策略：

制定明确的法规和标准：建立一套全面的法律法规框架，明确人工智能发展和应用的界限，确保技术的发展不会侵犯个人隐私、国家安全和社会伦理。

　　分类分级监管：根据人工智能应用的不同领域和风险等级，实施分类分级的监管策略，以适应不同技术特点和应用场景的需求。

　　鼓励创新与安全并重：在政策制定中，既要鼓励技术创新，也要强调安全性，确保技术发展的同时，风险得到有效控制。

　　跨部门协作：不同政府部门之间需要协作，共同制定和执行人工智能相关的政策和监管措施。

　　公众参与和透明度：增加政策制定的透明度，鼓励公众参与讨论，确保政策能够反映社会各方面的关切。

　　国际合作：与其他国家和国际组织合作，共同面对人工智能发展中的全球性问题，如数据安全、算法偏见等。

　　安全评估和算法备案：要求人工智能服务提供者进行安全评估，并对其算法进行备案，以便监管机构能够了解和监督其技术的应用。

　　教育和培训：加强对人工智能伦理、法律和社会影响的教育，提高公众和专业人士的认识。

　　技术伦理：强化技术伦理教育，培养人工智能开发者和使用者的责任感，使他们能够自觉遵守伦理规范。

　　灵活的监管机制：建立能够适应技术快速发展的灵活监管机制，以便及时应对新出现的问题和挑战。

　　强化问责：确保人工智能服务提供者对其技术的应用后果负责，对于违反规定的行为要进行追责。

　　促进多方利益相关者的对话：鼓励产业界、学术界、政府和公众之间的对话，共同探讨人工智能的发展方向和监管策略。

　　通过这些策略，可以在促进人工智能技术发展的同时，确保其应用是安全、可靠和符合社会伦理的。

11.4　对获取的问题答案进行准确性验证

　　对 Kimi AI 阅读后的内容进行核查至关重要，因为 Kimi AI 虽在自然语言处理上取得进步，但仍可能误解或错误解读文本，尤其面对复杂或模糊的语言。此外，

Kimi AI 可能受训练数据和算法限制，导致结果存在偏见或缺陷。核查能确保结果准确可靠，符合特定上下文和领域知识，并保护信息安全和隐私。因此，内容核查是提高信息处理质量和效率的关键步骤。

（1）向 Kimi AI 发起提问，要求提供答案的出处，结合文档内容对答案的准确性进行验证。对话如下：

我：

请分别列举这几个问题的答案出自哪个文档的哪个内容。

Kimi AI：

以下是您提出的问题及其答案分别出自的文档和内容：

人工智能技术发展的三大基石是什么？

答案出自：文档 1《用好"人工智能+"赋能产业升级》

相关原文内容：高新波委员表示，要推动人工智能技术的发展，需要从人工智能的三大基石上发力，即算料、算力、算法。

国务院国资委在推动中央企业人工智能发展方面有哪些具体措施？

答案出自：文档 2《国务院国资委召开中央企业人工智能专题推进会　扎实推动 AI 赋能产业焕新》

相关原文内容：会议强调，中央企业要把发展人工智能放在全局工作中统筹谋划，深入推进产业焕新，加快布局和发展人工智能产业。

生成式人工智能服务的基本规范包括哪些内容？

答案出自：文档 3《七部门联合发文——促进生成式人工智能健康发展和规范应用》

相关原文内容：《办法》对生成式人工智能服务提供者和使用者提出了要求，包括遵守法律、行政法规，尊重社会公德和伦理道德等。

在人工智能应用研究中，为什么需要多学科交叉融合？

答案出自：文档 1《用好"人工智能+"赋能产业升级》

相关原文内容：杨新民委员表示，开展人工智能应用研究时，构造的往往是一个典型的复杂巨系统，需要多学科交叉融合。

如何平衡人工智能的创新发展与监管？

答案出自：文档3《七部门联合发文——促进生成式人工智能健康发展和规范应用》

相关原文内容：《办法》旨在促进生成式人工智能健康发展和规范应用，维护国家安全和社会公共利益，保护公民、法人和其他组织的合法权益。同时，采取有效措施鼓励生成式人工智能创新发展。

（2）根据 Kimi AI 的回答，打开对应文档对内容准确性进行验证，确保 Kimi AI 的回答是基于文档内容总结得出的，以问题 2 答案验证为例，如图 11-10 所示。

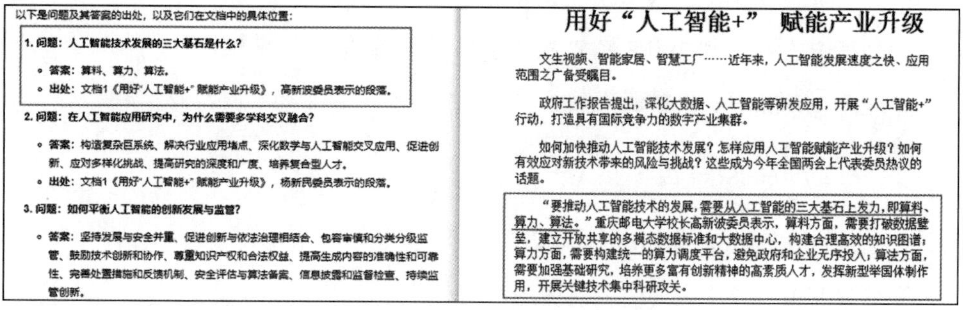
以下是问题及其答案的出处，以及它们在文档中的具体位置：

1. 问题：人工智能技术发展的三大基石是什么？
   - 答案：算料、算力、算法。
   - 出处：文档1《用好"人工智能+"赋能产业升级》，高新波委员表示的段落。
2. 问题：在人工智能应用研究中，为什么需要多学科交叉融合？
   - 答案：构造复杂巨系统、解决行业应用堵点、深化数学与人工智能交叉应用、促进创新、应对多样化挑战、提高研究的深度和广度、培养复合型人才。
   - 出处：文档1《用好"人工智能+"赋能产业升级》，杨新民委员表示的段落。
3. 问题：如何平衡人工智能的创新发展与监管？
   - 答案：坚持发展与安全并重、促进创新与依法治理相结合、包容审慎和分类分级监管、鼓励技术创新和协作、尊重知识产权和合法权益、提高生成内容的准确性和可靠性、完善处置措施和反馈机制、安全评估与算法备案、信息披露和监督检查、持续监管创新。

用好"人工智能+" 赋能产业升级

文生视频、智能家居、智慧工厂……近年来，人工智能发展速度之快、应用范围之广备受瞩目。

政府工作报告提出，深化大数据、人工智能等研发应用，开展"人工智能+"行动，打造具有国际竞争力的数字产业集群。

如何加快推动人工智能技术发展？怎样应用人工智能赋能产业升级？如何有效应对新技术带来的风险与挑战？这些成为今年全国两会上代表委员热议的话题。

"要推动人工智能技术的发展，需要从人工智能的三大基石上发力，即算料、算力、算法。"重庆邮电大学校长高新波委员表示，算料方面，需要打破数据壁垒，建立开放共享的多模态数据标准和大数据中心，构建合理高效的知识图谱；算力方面，需要构建统一的算力调度平台，避免政府和企业无序投入；算法方面，需要加强基础研究，培养更多富有创新精神的高素质人才，发挥新型举国体制作用，开展关键技术集中科研攻关。

图 11-10　问题答案准确性验证

练习与实践

一、选择题

1. Kimi AI 是由哪家公司开发的？（　　）

A. 月球科技有限公司　　B. 北京月之暗面科技有限公司

C. 星光创新科技有限公司　　D. 星际探索科技有限公司

2. Kimi AI 能够支持最多多少万字的输入？（　　）

A. 10 万字　　B. 15 万字

C. 20 万字　　D. 30 万字

3. 如果用户上传文件给 Kimi AI，Kimi AI 可以处理的文件格式包括哪些？

（　　）

A. TXT 和 PDF B. Word 文档和 PPT 幻灯片

C. Excel 电子表格 D. 以上所有选项

4. 当用户向 Kimi AI 发送网页链接时，Kimi AI 会如何处理？（　　）

A. 忽略链接 B. 直接回答用户问题

C. 解析网页内容后回复用户 D. 提供下载链接

5. Kimi AI 在回答问题时，是否会受到政治敏感内容的限制？（　　）

A. 是的，它会严格遵守相关法律法规

B. 否，它会提供所有信息

C. 仅在特定情况下受到限制

D. 只回答与政治无关的问题

二、任务实践

通过对本任务的学习，你应该掌握了 Kimi AI 的基本使用方法，熟悉了使用 Kimi AI 进行多文本阅读的基本流程，请参照本任务，根据下面所提供的题目和要求使用 Kimi AI 进行编程。题目及要求如下：

题目：

编写一个 Java 程序，该程序接受用户输入的两个数字，并计算它们的和、差、积和商。如果用户输入的不是数字，则程序应该提示用户重新输入。

要求：

1. 使用循环来重复请求输入，直到用户输入有效的数字；

2. 添加输入验证，确保用户输入的是数字；

3. 使用异常处理来捕获可能的错误，并给出友好的错误信息；

4. 提供一个清晰的用户界面，包括欢迎信息和退出选项；

5. 允许用户选择他们想要进行的数学运算。

扫一扫，
看微课

多文本阅读

任务 12　AIGC安全与伦理

学习目标

（1）了解 AIGC 可能导致的伦理问题和伦理规范；

（2）了解 AIGC 存在的技术安全问题与安全标准；

（3）掌握智力作品的评定标准与使用 AI 助力办公的方法。

素质拓展

职业道德与伦理责任：
《新一代人工智能伦理
规范》的学习与实践

任务背景

　　AIGC 可以处理复杂的数据类型和任务，其生成内容的效率和准确性也着实可期。与此同时，AIGC 的法律定性、权益分配、责任承担等问题成为司法界、实务界及学界讨论的热点。在我国，首例"AI 文生图"著作权侵权案一审判决生效，引发了新一轮关于 AIGC 的可版权性以及权利归属问题的热烈讨论。在该案中，法院赋予利用 AI 技术生成的图片受到著作权法的保护，并肯定了 AI 使用者"创作者"身份，对 AIGC 引发的诸多著作权难题进行了探索和尝试，也为后续类似案件的处理提供了参考和借鉴。

　　小明了解到 AI 已经深入我们生活的方方面面，他想借助 AIGC 来完成将来的毕业论文，但当他在网上看到关于"我国 AI 文生图著作权第一案"的相关报道后，又陷入了沉思：AI 在论文写作中也存在一些高风险，如何降低这些风险，确保学术研究的准确性和可靠性呢？

任务分析

　　人工智能生成内容在当今数字化时代扮演着越来越重要的角色。然而，随着其应用范围的不断扩大，对其安全性的担忧也日益增加。为了让 AIGC 成为我们生活和工作中的好助手，我们应关注和学习以下内容：

（1）AIGC 的伦理问题与伦理规范；

（2）AIGC 技术安全问题及安全标准。

📖 相关知识

12.1　AIGC 的伦理问题与伦理规范

1. AIGC 的伦理问题

AIGC 是人工智能 1.0 时代进入 2.0 时代的重要标志。AIGC 对人类社会产生了巨大的影响，促使整个社会生产力发生质的突破，推动整个社会的进步和发展。但是，AIGC 行业也面临着许多挑战，尤其在版权、真实性和伦理道德等方面。

第一，版权问题是一个亟待解决的问题。根据《中华人民共和国著作权法》（以下简称《著作权法》）实施条例规定，《著作权法》所称作品是指文学、艺术和科学领域内，具有独创性并能以一定形式表现的智力成果。然而，AI 不具备我国著作权法中"作者"的主体资格，AI 创作的作品版权归属问题，作者身份的定义，需要进一步规范。

第二，AIGC 创作的内容是否真实，是否存在错误还需要进行审查。尤其是在文学领域，AI 作品所涉及的伦理和道德问题，以及对这两者的把握程度也比较微妙，仍需要进行二次判定。例如，2023 年 2 月，谷歌公司研发的 AI 智能聊天机器人程序 Bard 在展示时给出错误的答案引发争议，导致母公司 Alpabet 股价"跳水"，一度蒸发掉 1000 亿美元的市值。这表明企业在采用 AI 技术时，需要对其内容进行严格审查，以防止输出不当信息。

第三，AIGC 生成内容的可信度也是一个需要关注的问题。有研究表明，当测试人员让 ChatGPT 根据虚假信息撰写新闻时，它能迅速生成看似可信但实际上无明确信源的内容。一项研究发现，AI 生成的虚假新闻在 Twitter 上被转发的速度比真实新闻快 20%，这给社会带来了巨大的舆论风险，不少网友对此表示担忧：以后可能会有更多假新闻以假乱真。

第四，数据安全风险同样需要关注。数据准确性、数据保密性和数据合规性是构成数据安全的三大要素。例如，一家名为 Clearview AI 的公司因非法搜集和使用数十亿张公民面部识别数据而引发了全球关注。这表明，企业在利用 AI 技术时，应确保数据合规性并保护个人隐私。根据 2022 年的一项报告，全球范围内每天有超过 105 亿条数据被泄露。这些被泄露的数据可能被用于制作深度伪造（Deepfake）内容，进一步扩大虚假信息的传播范围。因此，数据安全问题对于 AIGC 领域至关重要。

第五，道德伦理问题同样不容忽视。AI 生成内容可能会无意间传播有害信息，如种族歧视、性别歧视等。为了避免这些问题，企业应建立严格的道德伦理框架，对 AI 生成的内容进行审查和监控。

然而，尽管 AIGC 面临着诸多挑战，但在深度学习技术不断迭代，自然语言处理技术不断发展，AI 基础设施不断发展，多模态大模型的相继成熟落地等因素的推动下，AIGC 行业的发展前景仍然十分广阔。随着多模态大模型的出现，融合性创新成为可能，为创作者提供了更多的创意空间。

2. AIGC 的伦理规范

（1）适度使用 AI 技术工具。

AI 的伦理问题归根结底反映的是人的道德取向，在发展 AIGC 的过程中首先要认清，人工智能只是辅助人类进行生产的工具，不具备主观能动性与创造力，使用者应该重视人类独特的创造力，强调情感与思想，确保技术的发展符合人类利益与社会福祉。

（2）提高创意门槛。

AIGC 的出现将创意端群体规模扩大，带来有利影响的同时，不容忽视的是，创意端群体的门槛不能被无限拉低，社会及民众应当鼓励人人都能成为艺术家，但并不是人人都能作为艺术家参与后续的商品流通。

（3）弥补技术缺陷，完善法律规范。

在 AIGC 技术的开发上，要努力弥补技术缺陷，使 AIGC 真正提升生产效率。在法律法规制定上，要不断完善版权法规，整治滥用乱象。

总的来说，AIGC 行业的发展既面临着挑战，也充满着机遇。我们需要进一步明确 AIGC 在社会各界所处的位置，同时也需要对 AIGC 行业的伦理道德问题进行深入的探讨和规范，需要在创新与安全、发展与伦理之间寻求平衡，以促进 AIGC 行业的健康可持续发展。

12.2　AIGC 技术安全问题与安全标准

1. AIGC 技术面临的安全威胁

随着 AIGC 应用范围的不断扩大，人们对其安全性的担忧也日益增加。从数据、算法、系统、应用到基础设施，AIGC 面临着多方面的安全威胁。

一是数据安全威胁。训练数据的非法获取可能导致隐私泄露，这直接威胁着个人和组织的信息安全。同时，数据被篡改也可能导致模型失效，影响 AIGC 的预测和决策能力。因此，确保训练数据的安全性和完整性至关重要。

二是算法安全威胁。模型被提取或知识产权被泄露可能导致竞争对手获取关键技术，并加以利用。此外，对抗样本攻击可能导致模型输出错误，降低 AIGC 的可信度和可用性。

三是系统安全威胁。系统遭到黑客入侵可能导致服务中断，给用户和企业带来严重损失。而系统软件漏洞被利用则可能导致系统被控制，使得黑客能够获取敏感信息或进行其他恶意行为。

四是应用安全威胁。用户利用 AIGC 系统生成非法有害内容可能导致法律责任和社会问题。另外，AIGC 系统的行为被利用制造不良社会影响也是一种潜在威胁，这可能包括误导性信息的传播或社会分裂的加剧。

五是基础设施安全威胁。云平台被入侵可能导致模型和数据丢失，给用户和企业带来重大损失。此外，AIGC 系统所依赖的网络、电力等基础设施问题也可能导致服务中断或数据丢失，对 AIGC 的正常运行造成严重影响。

AIGC 技术面临着诸多安全威胁，涵盖了数据、算法、系统、应用和基础设施等多个方面。为了应对这些威胁，我们需要采取综合的安全措施，包括加强数据保护、提高算法鲁棒性、加强系统安全、规范应用行为以及加强基础设施建设。只有这样，我们才能更好地保护 AIGC 的安全，推动其在各个领域的健康发展。

2. AIGC 安全标准

AIGC 的安全标准涉及以下几个方面。

（1）内容安全。

AIGC 生成的内容应当是健康、合法和安全的，不含有任何有害、虚假、诽谤、攻击、色情、暴力、恐怖等不良信息，不传播谣言和误导性信息。

（2）隐私保护。

在使用 AIGC 技术的过程中，需要严格保护用户的隐私和数据安全，不会泄露用户的个人信息和敏感数据。

（3）知识产权保护。

在使用 AIGC 技术时，需要尊重他人的知识产权，确保使用他人的作品、图片、音频等资源时获得合法授权。

（4）网络安全。

AIGC 技术应当遵守网络安全法律法规，不从事任何违法犯罪的行为，防止网络攻击和数据泄露等安全事件。

（5）道德规范。

AIGC 技术应当遵循社会公德和职业道德，尊重人类的价值观和伦理原则，不从事任何违反社会公序良俗的行为。

为了确保 AIGC 的安全性，需要建立完善的安全标准和监管机制，加强技术研发和风险评估，增强用户的安全意识和素养。同时，政府、企业和社会各界需要共同努力，加强合作和沟通，共同推动 AIGC 技术的安全和可持续发展。

任务实施

12.1　作品的判定

我国法律规定作品需符合四个条件：

第一，作品所属领域应限于文学、艺术和科学，从而将专利权法所保护的工业领域之发明、实用新型和外观设计排除在外；

第二，作品需具备独创性，这包括独自性和原创性两个层面；

第三，作品必须能以一定形式展现，这意味着著作权法保护的是作品的表达形式，而非其内在思想；

第四，作品作为智力成果，是人类智力劳动的产物，与体力劳动成果有着明确的区分。

12.2　AIGC 是否受《著作权法》的保护

在判断 AI 生成内容是否为作品时，可以采用"额头出汗"原则作为独创性判断的客观标准。这意味着，只要在创作过程中 AI 使用者付出了足够的努力和创新，其作品就应该被认为具有独创性，从而受到著作权法的保护。

北京互联网法院在"我国 AI 文生图著作权第一案"中对于为何将 AIGC 作为作品进行保护进行了较为详细的阐述。

首先，法院考虑"春风送来了温柔"图片中人类是否进行了智力投入，该图片是否属于智力成果。智力成果是指通过智力活动创造出来的具有实用价值或精神价值的成果。在本案中，法院会审查原告在使用 AI 生成图片时，是否进行了智力投入，如设计人物的呈现方式、选择提示词、安排提示词的顺序、设置相关参数等。如果原告在生成图片的过程中进行了智力活动，就可以认为该图片是智力成果。

其次，法院还考虑了"春风送来了温柔"图片是否具有独创性。独创性是指作品必须是作者独立创作完成的，并且体现了作者的个性化表达。在本案中，法院会审查原告在使用 AI 生成图片时，是否对画面元素、布局构图等进行了设计，是否体现了原告的选择和安排。如果原告对 AI 生成图片的过程进行了个性化的干预和调整，使得生成的图片具有独特的艺术风格和创意，就可以认为该图片具有独创性。

最后，法院还会考虑 AI 生成的图片是否属于艺术领域内的作品。艺术领域内的作品通常具有一定的审美价值和艺术性，能够引起人们的审美感受和情感共鸣。在本案中，法院会审查 AI 生成的图片是否具有艺术性和审美价值，是否符合艺术创作的规律和特点。如果 AI 生成的图片在艺术上具有独创性和审美价值，就可以认为该图片属于艺术领域内的作品。

据此，在本案中，法院判决被告赔礼道歉、消除影响，赔偿原告经济损失500 元。

12.3　AIGC 对社会的影响及建议

我国 AI 技术快速发展，在"我国 AI 文生图著作权第一案"引领下，法律法规对于 AIGC 作品的保护大势所趋。在该种情形，对于 AI 使用者、权利人及 AI 平台而言有何影响及如何应对呢？

1. 对 AI 使用者的影响及应对建议

对于 AI 使用者而言，在使用 AI 工具时需注意遵守《著作权法》规定。AI 使用者在创作过程中应避免使用未经授权的图片、素材等，以免涉及著作权侵权问题。此外，AI 使用者还应关注 AIGC 作品是否符合我国法律规定的作品定义，确保 AIGC 作品能够作为作品受到保护。

2. 对权利人的影响及应对建议

对于权利人而言，法院确认了他们对原创作品的合法权益。权利人在发现侵权行为时，应积极采取措施维护自身权益，如向相关部门举报、提起诉讼等。同时，权利人还应加强对原创作品的保护和管理，提高作品的知名度和商业价值。

3. 对 AI 平台的影响及应对建议

对于 AI 平台而言，其应加强对生成物内容的监管，确保不产生侵权图片；同时，还应从训练数据库中删除涉案物料，以避免侵权风险。此外，AI 公司还应加强与权利人的合作与沟通，共同推动 AIGC 的合规发展。

12.4　如何降低论文 AI 高风险

1. 明确 AI 在论文写作中的角色

首先，我们需要明确 AI 在论文写作中的角色。AI 可以作为辅助工具，帮助我们搜集资料、整理思路，甚至撰写初稿。但我们必须意识到 AI 不具备创造性思维和判断力，无法完全取代人类在论文写作中的作用。因此，我们需要保持警惕，避免过度依赖 AI。

2. 选择可靠的 AI 论文写作工具

为了降低风险，我们应选择那些经过权威机构认证、口碑良好的 AI 论文写作工具。这些工具通常具有较高的技术含量，能够更准确地理解和处理语言信息，提供更加可靠的写作支持。

3. 加强数据隐私保护

在使用 AI 论文写作工具时，我们必须关注数据隐私保护问题。确保在使用 AI 服务时，个人数据得到充分保护，避免数据泄露和滥用风险。

4. 遵循学术道德规范

在使用 AI 撰写论文时，我们必须遵循学术道德规范。不得抄袭、剽窃他人成果，引用文献需注明出处。同时，我们还要保持研究的独立性和客观性，避免因过度依赖 AI 而丧失对研究结果的判断力。

5. 审慎使用 AI 生成的内容

尽管 AI 可以提供初稿撰写等服务，但我们仍需审慎使用其生成的内容，在论文提交前，务必进行人工审核和修改，确保论文的质量和合规性。

6. 培养跨学科的思维方式

AI 的局限性在于其缺乏人类的知识体系和创造性思维。因此，为了更好地利用 AI 进行论文写作，我们需要培养跨学科的思维方式，将 AI 的优势与人类的智慧相结合，提高论文的创新性和说服力。

7. 加强法律法规意识

随着 AI 技术的发展，相关法律法规也在不断完善。在使用 AI 进行论文写作时，我们要加强法律法规意识，确保自己的行为合法合规。对于侵犯他人权益的行为，我们要勇于抵制和举报，共同维护学术研究的良好生态。

练习与实践

一、选择题

1. 在 AIGC 应用中，关于数据隐私保护的正确做法是（   ）。

A. 将用户数据公开共享以推动研究进步

B. 在收集用户数据前，明确告知并取得用户同意

C. 无须告知用户即可使用其数据训练模型

D. 将用户数据出售给第三方以获取利益

2. 关于 AIGC 内容版权问题的描述，以下哪项是正确的？（   ）

A. AIGC 生成的内容自动享有版权保护

B. 使用 AIGC 生成的内容无须考虑版权问题

C. AIGC 生成的内容版权归属应视具体情况而定

D. AIGC 生成的内容不受任何法律约束

3. 在 AIGC 技术中，关于算法透明度的说法正确的是（   ）。

A. 算法透明度与 AIGC 技术的效果无关

B. 提高算法透明度有助于增强公众信任

C. AIGC 算法无须对公众透明

D. 算法透明度会损害 AIGC 技术的商业利益

4. 在使用 AIGC 技术时，如何避免算法偏见和歧视的问题？（   ）

A. 无须考虑算法偏见和歧视问题

B. 仅依赖技术人员的直觉和经验

C. 仅在特定领域关注算法偏见和歧视问题

D. 对算法进行公正性评估和审计

5. 对于 AIGC 技术的安全漏洞和风险，以下哪项措施是必要的？（   ）

A. 定期对 AIGC 系统进行安全评估和更新

B. 仅依赖技术提供商的安全保障

C. 无须关注 AIGC 技术的安全问题

D. 仅在出现问题后再进行安全修复

二、任务实践

AIGC 技术作为新兴领域的代表，其社会应用日益广泛，不仅改变了人们的生活方式，也带来了前所未有的伦理挑战。在数据隐私、知识产权、算法偏见等方面，AIGC 技术的伦理问题逐渐凸显，引发了社会各界的广泛关注。因此，同学们需要对此进行一个实践调研任务，通过深入调研与分析，探讨 AIGC 技术在社会应用中的版权纠纷和安全问题，以期为解决这些问题提供思路和方向，促进 AIGC 技术的健康发展。调研任务题目及调研要求如下：

AIGC 算法公平性与透明度调研报告

调研要求：

1. 研究 AIGC 算法在决策过程中的公平性和透明度问题；

2. 调查 AIGC 算法在不同场景下的应用效果，分析算法偏见和歧视现象；

3. 探讨提高 AIGC 算法公平性和透明度的技术手段和管理措施；

4. 提出促进 AIGC 算法公平、透明和可解释性发展的建议。